塔里木河流域
生态维系标准与水资源调度管理

刘锋 著

WUHAN UNIVERSITY PRESS
武汉大学出版社

图书在版编目(CIP)数据

塔里木河流域生态维系标准与水资源调度管理 / 刘锋著. -- 武汉：武汉大学出版社，2025.7. -- ISBN 978-7-307-25099-4

Ⅰ. TV213.4

中国国家版本馆 CIP 数据核字第 2025AJ1721 号

责任编辑:胡　艳　陈卓琳　　　责任校对:鄢春梅　　　装帧设计:马　佳

出版发行:**武汉大学出版社**　　(430072　武昌　珞珈山)

　　　　(电子邮箱:cbs22@whu.edu.cn 网址:www.wdp.com.cn)

印刷:武汉邮科印务有限公司

开本:787×1092　1/16　印张:10　字数:237 千字　　插页:1

版次:2025 年 7 月第 1 版　　2025 年 7 月第 1 次印刷

ISBN 978-7-307-25099-4　　定价:50.00 元

前　言

　　水是经济社会发展的重要基础资源和战略性经济资源，水资源利用效率有多高，经济社会发展空间就有多大。近年来，气候变化以及人类经济活动等复杂外界胁迫已严重影响以新疆塔里木河流域为代表的西北干旱区生态环境，干旱内陆河流域水资源短缺形势更加严峻，生态安全问题更加突出。

　　塔里木河作为我国最大的内陆河，地处中亚腹地，流经天山山脉和昆仑山脉之间，被誉为南疆人民的"母亲河"，全长 2486 km，流域总面积 102 万 km²，覆盖南疆 5 个地州、40 多个县市和兵团多个师市、团场，是南疆主要水源区、绿洲分布区和经济发展区①。水资源开发利用和生态环境保护，不仅关系到流域自身的生存和发展，也关系到西部大开发战略的顺利实施。在塔里木河流域综合治理过程中，要深刻反思西北干旱区发展过程中水资源利用的经验教训，高度重视流域内天然绿洲退化防控，其关键在于有效管控灌溉农田规模，有序重建流域水生态平衡，开展水、土、生态与人类活动相适应的国土空间精准管控，基于自然水资源承载能力，规划水资源可持续利用和生态维持双重约束下适宜的产业结构布局，优先保护生态，适度推进城镇化，维系流域生态安全，实现人水和谐发展的目标。基于此，开展流域生态维系标准与水资源调度管理研究，不仅具有重要科学价值，更是维系整个流域生态安全、绿洲安全和水资源安全的迫切现实需求。

　　本书是新疆维吾尔自治区自然科学基金面上项目（基于灰色关联模型的变化环境下南疆典型内陆河水资源安全与河湖健康评价研究，批准号：2021D01A101）、自治区高校科研计划项目（多目标数据驱动模型下的塔里木河"三源一干"洪水调度研究，批准号：XJEDU2023J017）、自治区专家顾问团决策研究与咨询项目（新疆主要农作物推广非充分灌溉技术的决策研究与咨询，批准号：JZ202317）等研究成果的系统总结。作者在总结前期研究成果的基础上，针对干旱内陆河流域水资源高效利用与生态保护修复问题，研究了塔里木河流域生态格局演变规律及驱动力，分析了流域绿洲演变规律与用水量变化特征，构建了塔里木河流域水资源管理量化评价体系，阐明了塔里木河下游生态输水累积时空响应机理，开展了塔里木河流域生态调度模拟研究。本书属水利科学、环境科学等多学科交叉研究成果，研究内容对干旱内陆河流域水资源复合生态系统的综合治理具有重要借鉴意义，为干旱区流域水资源规划、生态环境综合整治与绿洲可持续

---

① 数据来源于新疆维吾尔自治区塔里木河流域管理局编制的《新疆塔里木河流域综合规划》。

发展提供科学参考。

全书共分为9章，其中：第1章综述塔里木河流域水资源高效利用与生态修复研究的国内外进展，第2章介绍塔里木河流域自然地理等基本概况，第3章研究了塔里木河流域生态格局演变规律及驱动力，第4章分析了塔里木河流域绿洲演变规律与用水量，第5章研究了塔里木河流域水资源管理量化评价方法和指标，第6章分析了塔里木河下游生态输水累积时空响应机理，第7章建立了塔里木河下游多目标参数生态需水体系，第8章开展了塔里木河流域生态调度模拟，第9章系统总结了前8章的研究成果。

由于作者水平有限，编写过程中难免存在一些不足之处，敬请读者给予批评指正。

作　者

2025 年 4 月

目　　录

第1章 绪 论

1.1 研究背景及意义

　　干旱区内陆河流域的生态保护、修复与重建，是脆弱生态系统研究的热点和难点。天然植被是生态系统的重要组成部分，其分布、类型和覆盖度是表征干旱区内陆河流域生态水平的重要因子，水分条件则是决定天然植被生态格局的关键驱动因子。在现代环境下，由于人类活动的干扰，塔里木河流域水循环呈现出"自然-社会"二元特性，突出表现为：人类用水挤占生态环境用水，上中游用水挤占下游用水，河道水量沿程递减，地表水与地下水转换关系阻断，地下水位持续下降，下游河道长期断流，台特玛湖干涸，以胡杨为主的天然植被全面退化，进而导致生物多样性受损、土地退化、盐渍化加剧、沙漠化扩张等一系列生态环境问题，直接威胁流域经济社会的可持续发展和人类的生存安全。

　　自 20 世纪 80 年代末，尤其是进入 21 世纪以来，塔里木河(后文也简称"塔河")流域各源流普遍进入丰水期，阿克苏河、和田河和叶尔羌河 2013—2023 年平均来水量比多年平均来水量增加了 27.45 亿 m^3，对塔里木河下游生态输水影响较大的开都河 2013—2023 年的水量也比多年平均水量高出 0.74 亿 m^3，但源流区灌溉面积却增加了一倍多，年用水量平均约增加 50 亿 $m^3$①，因此补给干流的总水量并未有明显变化。在不改变现有的水土资源扩张开发模式下，源流来水增加对塔里木河干流来水增加的影响有限，生态用水问题依然十分突出。随着绿洲规模扩大，水资源利用方式已严重改变了流域水循环及水文生态格局，下游河道断流，地下水位下降，胡杨林及灌木大面积死亡，绿色走廊持续衰退等生态退化问题使塔里木河流域成为社会各界关注的热点区域。

　　建立统一的生态维系标准是干旱区生态-水文研究的重点。内陆干旱区人类社会的发展以绿洲经济为基础，探究人工和自然复合作用下的绿洲水文循环，分析自然-人工二元驱动机制，把握生态格局变化，是确立绿洲适宜的发展规模亟待解决的关键。塔里木河源流区农业用水占源流耗水比重超过 90%，直接影响输往干流的水量，进而间接影响干流区生态系统结构的稳定性。自 2000 年向塔里木河下游实施间歇性应急输水工程以来，下游生态环境得到一定改善，但离干流生态系统完全恢复的目标还有较大差距。塔里木河断流点上移的趋势依然存在，英巴扎和新渠满断面相继出现间歇性断流。受区域经济社会的快速发展以及自然-人工复合作用等因素的持续影响，塔里木河流域水资源和水环境的压力将进一步加大，水资源供需矛盾和生态环境问题日益突出，致使塔里木河流域水资源短

---

　　① 本章数据来源于新疆维吾尔自治区塔里木河流域管理局编制的《新疆塔里木河流域综合规划》。

缺问题依旧突出,水资源管理冲突加剧,直接影响流域生态环境保护和经济社会的可持续发展。

通过塔里木河流域"四源"用水与干流生态系统结构变化的关系,基于生态-水文和谐统一的可持续发展观点,揭示流域生态格局演变与水资源调度管理的内在联系,核定变化条件下天然绿洲及人工绿洲的用水量,建立变化环境下的定量生态用水安全预警机制和多目标参数生态需水体系,制定适应性风险预警管理方案,对保障塔里木河流域水资源安全和水生态文明建设具有关键作用,对完善塔河生态调度和流域管理具有重要实践价值,对实现社会-经济-生态的和谐发展具有深远意义。

1.2 研究目标及内容

1.2.1 研究目标

(1)分析流域水资源及生态格局的演变规律,分析各驱动因子及其关联度,揭示塔里木河流域水资源及生态格局的演变规律及驱动力,厘清流域水资源的主要供需关系。

(2)确定塔里木河环境流演变特征,评估塔河流域水资源及生态时空格局变化的影响与风险,基于压力-状态-响应模型建立适应于塔河生态治理和水资源管理的量化评价体系。

(3)依据定额法和指标预测法,估算塔里木河流域绿洲需水量;构建评估绿洲适度规模的数学模型,从整体性、系统性的角度研究塔里木河流域绿洲的适度规模,评估塔里木河流域绿洲稳定性,确定应对水资源危机条件下的天然绿洲适度规模及其生态稳定性。

(4)揭示生态输水的时空累积响应规律,量化流域生态需水量,构建多目标参数生态需水体系,建立塔里木河生态维系的指标体系;运用 MIKE SHE 模型模拟生态调度过程,建立适用于干旱区的生态调度模型,提出并优化生态调度方案。

1.2.2 研究内容

本书研究工作可划分为 4 项主要任务,具体任务分工及技术路线如下。

1. 流域水资源及生态格局的演变规律及驱动力研究

基于数理统计方法,分别对塔河上游流域山区和山前平原 1960—2013 年气温、降雨、蒸发等气象要素,以及源区出山口径流和塔河干流 1960—2011 年年径流序列的统计特征进行了分析,主要从基本统计特征、年内及年际变化特征等方面来分析塔河流域水资源的演变规律。

顾及植被覆盖和景观格局变化指标,开展塔里木河流域生态环境研究。应用 ENVI、Fragstats、GeoDa 等软件,提取塔里木河干流的 MODIS/NDVI 遥感影像数据,分析干流两岸植被覆盖度的时空演变规律及空间关联格局,定量评估塔河干流河水漫溢天数和生态输水过程对植被生长的干扰程度,分上、中、下游探究植被覆盖度变化的主导驱动因子。同时,构建景观综合指数,在景观层面上分析塔里木河流域 4 期土地利用变化,探究景观格局的变化规律和空间分异规律，分区评估流域各景观指数的变化特征及生态风险等级。

2. 构建塔里木河生态治理和水资源管理的量化评价体系

针对目前塔河流域水生态系统特征，从流域尺度评估河流的生态修复或维系程度，运用压力-状态-响应模型建立适应于塔河生态治理和水资源管理的量化评价体系。综合考虑生态体系评估的重点生态保护目标及其关键需水期，参照生态水文指标体系，系统评估包括水文改变度、环境水流组分完整性、生境多样性指数、径流指数、植被覆盖率、地下水超采率和河流纵向连续性指数等维系河流生态功能的关键指标，建立生态塔河维系标准体系。

该标准体系涵盖生态环境、生态多样性、生态功能、生态压力 4 个维度，以河流的整体管理为目标，以流域为评价单元，综合反映塔河生态管理的核心要求与可持续发展目标。

3. 核定变化环境下的天然绿洲和人工绿洲用水量

依据定额法和指标预测法，系统分析和预测绿洲社会经济发展和塔河水量分配关系，根据土地利用状况与灌溉技术等计算绿洲农业需水量，确定相应的比例关系，确定绿洲非农业需水总量的适宜比例，以及限引量、水库调节水量、地下水可开采量等基本要素，进而确定绿洲合理的可供水总量。

依据绿洲稳定性指标体系的构建过程及前人对塔里木河流域绿洲的研究成果，结合塔里木河流域绿洲的实际情况，建立绿洲稳定性评价系统，确定应对水资源危机条件下的流域天然绿洲的稳定性。运用水热平衡原理，构建评估绿洲适度规模的数学模型，探究天然绿洲适宜规模与人工绿洲适宜面积的动态平衡关系。利用多目标规划方法，构建考虑气候变化下水资源脆弱性的适应性管理模型。

4. 确立可应用于管理的定量塔河生态用水安全预警和目标管理参数

以塔河流域为典型区，从河流生态系统的实际情况出发，根据其生态水文特性，以维持河流基本生态功能、保障水生生物的生存繁衍、实现河流造床输沙功能分级管理为目标，建立河流多参数生态需水体系（包含最小生态流量、适宜生态流量、洪水期生态流量），依据不同生态流量的时空动态特征形成生态标准河流，建立河流生态用水预警机制，探讨生态危机管理问题。在生态塔河维系标准体系下，提出涵盖流域单位 GDP 耗水量、天然绿洲和人工绿洲面积比例、水资源调配具体指标及生态维护水量调度等控制参数，建立保障生态用水安全的调度和管理模式。

研究确定塔河自然环境流变化范围，以及季节性波动水位、水体体积面积、流动性（不同季节的）等主要变量，借助水力学、水文学、遥感及动态监测等方法，量化评估水库闸坝引水等调控对塔河环境流基本特征的影响，将环境流管理要求集成到水资源管理系统，确定实用的塔河水量分配和调度管理的时空参数。通过统筹生态需水和生产生活需水，提出具有生态保护目标的，分时段差异化管控的，包含流量、水位、频率、发生时机、持续时间、变化率等多种水文要素特征的可操作自然环境水流管理方案。

1.3　国内外研究进展

1.3.1　生态格局的演变规律及驱动力研究

植被覆盖度是描述地表植被状况的重要参数与生态环境的基础指标，研究植被景观格局演变规律，有利于探索人类活动对植被景观格局变化的影响机制，为区域发展提供重要依据。Hansen 等（2005）利用一年的中分辨率成像光谱仪数据，结合决策树分类方法来估算部分区域内乔木层的覆盖情况，其计算结果具有较高的精度和科学性。Boyd 等（2002）采用常见的神经网络方法较为粗略地估算了美国大陆太平洋西北部沿岸地区连续针叶林的覆盖度，计算结果比较理想，相关性为 0.58。Zribi 等（2003）将雷达 ERSZ/SAR 的信号进行了有效分解，估算出了干旱及半干旱区域内的植被覆盖度。21 世纪初，Qi 等（2005）将归一化植被指数（normalized difference vegetation index，NDVI）用于像元二分模型，研究了美国西部和南部的 SanPed 盆地以及周边区域内植被时空动态变化与分布情况，研究结果表明，该模型即使采用未经过大气纠正的影像也能够对植被的时空动态进行可靠的研究和估算。在国内研究方面，贾坤等（2013）认为遥感技术是获取植被覆盖信息的主要手段，估算方法主要包含回归模型法、混合像元分解法、机器学习算法。混合像元分解模型中的线性光谱混合模型（linear spectral mixture model，LSMM）原理简单，参数易于获得，端元的选择具有灵活性，近年来被广泛运用于各种特定区域植被覆盖度的选取。张灿等（2015）基于 LANDSAT 影像构造了四端元（植被-高反射率地物-低反射率地物-土壤）模型，以此建立 LSMM 来分析丘陵区植被覆盖情况，并取得较好的结果。崔天翔等（2013）在 LANDSAT 原始影像上增加归一化植被指数扩展数据集，分别基于四端元和五端元建立的 LSMM 估算了城市湿地植被覆盖度，结果证明利用增加 NDVI 影像构建的五端元（陆生植物-水生植物-高反射率地物-低反射率地物-土壤）模型能够获得更好的估算结果。

研究土地利用/覆被变化（LUCC），是开展自然-社会交互作用下生态环境影响评价的可行途径之一，是流域科学研究领域的一个新突破点。基于流域景观格局的土地利用生态风险评价，能更准确地识别区域风险现状，是流域综合生态风险管理的有效方法，受到了国内外学者的广泛认同。19 世纪中期，德国地理学和地植物学先驱 Avon Humboldt 首次运用景观来表征地球表面某一研究区域的物质组成和总体结构特征。19 世纪 80 年代起，欧洲学派的部分学者开始将景观生态学的理论框架和研究方法应用于当时的土地评价与规划研究中，由此开展了土地利用景观格局的相关研究。1976 年，加拿大召开了与生态土地有关的集会，强调了土地的生态属性和生态功能。到了 20 世纪 90 年代，随着计算机以及 3S 技术（地理信息系统、全球定位系统、遥感技术）的发展，土地利用景观格局的分析内容开始集中在基于这些新兴技术和空间建模分析的研究上。Thomas 等（1998）运用 3S 技术，基于景观格局指数的变动趋势剖析了地中海地区土地利用景观格局同森林景观之间的关系。进入 21 世纪后，土地利用景观格局的研究内容更加丰富，研究技术与方法也更加成熟。肖琳和田光进（2014）分析了天津市土地利用生态风险及其对土地利用变化响应的时空分异特征。刘晓（2015）构建了疏勒河流域生态安全网格，创新性地将评价和优化相结合,提出建设性生态安全格局优化方案。张月等(2016)计算干旱区内陆艾比湖流域6个一类景观类型的景观指数和生态风险指数,发现研究区生态风险等级在1998—2013年间显著降低。Li等(2017)基于三期LANDSAT TM影像,构建了浙江海岸带景观生态风险格局演化模型,并对其生态风险格局的时空演变进行了定量分析。

1.3.2 天然绿洲和人工绿洲用水量核定

干旱区水资源研究长久以来一直是国内外水资源研究问题中关注的重点。干旱地区的经济发展和社会建设与水资源息息相关,干旱区生态系统缺乏稳定性,缺水问题将导致生态系统趋于退化,严重威胁到干旱区未来的发展。

荷兰著名学者L. Simmen教授和英国J. W. Lioyd教授(1995)经研究指出现今的干旱区水资源研究中缺少一种综合性的评价体系,而往往研究者们都将重点放在了水资源的模拟和管理上。高前兆等(2003)从水循环的角度着手,结合了内陆干旱区水资源系统的特征,重新评价了河西三流域广义和狭义上的水资源、可利用水资源和生态需水量等水资源的相互关系和数量。雷志栋等(2004)分析研究了20世纪90年代初新疆渭干河平原绿洲的水资源消耗过程,探究了中国西北干旱区为维持生态环境稳定所需的水量与社会经济发展中大量需水所产生的矛盾及解决办法。王建勋等(2006)对塔里木河流域生态环境现状进行了分析,并指出当前存在水质恶化、河道断流、胡杨林死亡等问题,提出了相应有效的治理对策。中国水利水电科学研究院杜丽娟等(2011)定量模拟了内蒙古河套灌区的水循环要素,研究结果表明,需要提高渠系水利用系数以减少地下水补给,同时减少高需水作物的种植来降低作物腾发量。李卫红等(2011)对和田河流域水资源的变化趋势进行了分析,探讨了流域耗水量变化的驱动因素。

绿洲是干旱、半干旱地区所特有的生态地貌单元。绿洲在漫长演变过程中受到了许多因素的影响,包括大自然千万年的演变和人类长期的活动。随着干旱区人口的持续增长和社会经济的不断发展,绿洲下垫面也发生了巨大的变化。人类长期的生产经营活动,对绿洲土地自然生态系统的利用方式及利用状况都产生了深刻影响。SWAT分布式水文模型能够对流域内长时间序列径流等多个不同的水文物理过程进行模拟,探究不同下垫面情景下绿洲耗水要素的响应机理,分析绿洲耗水现状。李道峰等(2004)利用唐乃亥水文站实测径流数据验证了SWAT模型在黄河河源区的适应性,通过设置5种土地利用/覆被情景和24种不同气候变化(包括降水和气温)组合情景,发现植被覆盖度越大年径流量越小,气温对水资源的影响明显小于降水。刘卉芳等(2010)利用SWAT模型对黄土区小流域的径流变化进行了分析,结果表明降雨对径流的影响最大,土地利用变化次之。

20世纪初,美国设置了第一个研究不同林草植被面积下绿洲耗水的对比实验。20世纪80年代初,J. M. Bosch和J. D. Hewlett(1982)通过研究发现,绿洲林草植被的种类和面积会明显影响绿洲的耗水量。21世纪初,M. A. Bari和K. R. J. Smettem(2005)通过水文模型对澳大利亚西南部25年来的土地利用变化下的耗水响应机制进行了研究。在我国,邱国玉等(2008)以泾河为研究对象,基于20世纪80—90年代的土地利用/覆被数据和水文资料,定量分析了土地利用变化对绿洲耗水的影响方式和影响程度。唐丽霞等(2010)以水资源短缺的晋西黄土高原为研究对象,分析了绿洲耗水对土地利用变化的响应,结果表明土地利用变化对绿洲耗水量增加的贡献率超过 50%，其中林地面积的增加是造成绿洲耗水量增加的主要因素。王雅（2015）研究了近 25 年来黑河中游的土地利用数据，模拟了不同下垫面情况下的绿洲耗水量，结果表明林地面积的增加会导致绿洲耗水量的增加，而城乡居民用地和草地面积增加的影响恰好相反；耕地则情况比较复杂，在不同的利用方式下会有不同的耗水结果。

　　绿洲的发展不仅改变了水资源的时空分布格局，而且扩大了人工绿洲的规模，但同时也产生了许多对绿洲长久性的伤害。绿洲不是无限的，在特定的人类活动条件下，绿洲规模上限取决于可供水量的多少。胡顺军与宋郁东（2006）通过水热、水土平衡原理分析了渭干河平原的绿洲适宜规模，结果表明渭干河绿洲和耕地面积比较适宜，在合理安排水资源的前提下可以适度扩大绿洲规模。郑淑丹（2011）等对且末绿洲的适宜发展规模进行了研究，研究结果表明，为了防止水资源短缺的情况下由于土地的过度开发而造成的生态环境的退化，且末绿洲面积不宜再扩大。中国科学院的凌红波与徐海量（2012）等结合了 Z 指数法及水热平衡模型分析了新疆克里雅河流域绿洲的适宜规模，结果表明克里雅河流域在较高水资源保证度的来水条件下的适宜绿洲规模为 978～1736km^2。邓宝山（2015）等结合了水热平衡原理及湿润指数建立相关模型，分析了吐鲁番绿洲的适宜规模。郝丽娜等（2015）运用分带理论建立了黑河干流中游地区绿洲适宜规模模型，计算不同来水条件下的绿洲适宜规模，并建立了土地利用马尔可夫链模型，预测黑河干流中游地区绿洲规模的变化，系统评估了未来绿洲发展的适应性。

1.3.3　水资源管理的量化评价方法和指标

　　生态环境状况评价旨在研究生态环境现状及变化规律，通过建立评价指标体系，选用合适的评价方法进行环境状况的评价或发展趋势的研究，为保护和恢复生态系统提供科学依据，是协调区域经济发展与环境保护、实现区域可持续发展的重要手段。干旱地区的环境变化一直是诸多科研工作者关注的重点领域，联合国粮食及农业组织（FAO）、联合国环境规划署（UNEP）等一些国际组织（1998），选取非洲撒哈拉地区的半湿润区、半干旱区、干旱区为研究对象，基于"压力-状态-响应"（pressure-state-response，PSR）模型建立了包含 7 种指标的评估体系，研究了生态质量的退化程度；Schimmel 等（1999）选取了生物因素、非生物因素和生境指标，评价了长岛海峡的生态环境状况。澳大利亚和南非也分别在 1992 年和 1994 年开展了国家河流健康计划。2002 年 5 月，美国 Muskoka 流域委员会对 Muskoka 流域展开健康评价，其系统框架采用"压力-状态-响应"模型。"压力"包括人类干扰对环境的改变，如资源需求、物质消耗以及工业生产的污染物排放对环境造成的危害和破坏；"状态"表示在一定时间段内，流域的环境现状以及发展变化趋势；"响应"包括政府及社会对环境恶化的应对和治理措施。美国于 2005 年在密西西比河流域、新泽西州流域等地建立包含 7 项流域生态现状指标和 9 项脆弱性指标的健康评价指标体系，分为 6 个层次进行量化评分，开展了生态健康评价工作。加拿大的 Kemptville Greek 流域健康保护计划从水质、水量、生物、社会经济等方面开展流域健康评价，其特色在于结合流域特点，坚持保护与开发协调发展。

　　国内对流域生态健康评价研究起步较晚，环境质量评价工作始于 20 世纪末，刘国彬编写《生态环境健康诊断指南》专著，并结合黄土高原治理实践，提出了"流域生态健康诊断"研究课题。在2006年之前，对于生态环境状况评价一直没有统一标准，诸多学者根据自己多年研究经验，构建了不同的评价体系。例如，周华荣(2000)建立了新疆生态环境质量综合评价体系，包含农田生态环境指数、自然生态环境指数和人为环境压力指数3个子系统的20项指标；吴贻名等(2001)构建了天然植被量退缩、河湖萎缩与消亡、灌区次生盐渍化、土地沙化、水土流失、水体污染等6个子系统，评价了河西疏勒河流域的生态环境质量；龙笛等(2006)利用PSR模型，选择了水质、植被、水土保持等20项指标，对滦河山区流域和北四河平原流域进行生态系统健康评价。然而，这些研究都没有统一的标准，诸多研究结果之间没有可比性。因此，2006年原国家环境保护总局发布了《生态环境状况评价技术规范(试行)》(HJ/T 192—2006)，其中的评价体系成为业界生态环境状况评价的根基，白洋淀、北京永定河、黑河、额济纳河和新疆特克斯河流域的生态环境评价均采用了这一标准。2015年发布的《生态环境状况评价技术规范》(HJ 192—2015)调整了部分指标的计算方法与权重，为全国的生态环境状况评价统一了标准。流域生态系统是一个自然、经济、社会复合生态系统，其评价指标复杂多样，且某些生态指标可获得性差，数据分析可操作性差，因此需要依靠新技术实现生态系统健康评价。遥感(RS)和地理信息系统(GIS)技术日趋成熟，为生态系统健康研究提供了新的途径，RS和GIS技术已被广泛应用于进行生态环境信息提取和流域生态健康评价。

作为环境脆弱的干旱区内陆河，塔里木河的生态环境状况一直是诸多学者关注的焦点。王让会等(1998)选取了水资源系统、土地资源系统和植被资源系统3大系统的10项指标，评价了塔里木河流域"三源一干"的生态脆弱程度；王建勋等(2006)定性评价了流域生态环境状况；付爱红等(2009)选取了植被生产力、物种多样性、恢复能力、水资源利用效率和防风阻沙效应5项指标，评价了塔里木河流域"四源一干"的生态系统健康程度。李燕等(2015)基于流域生态系统健康理论，针对新疆独特的自然环境特征，建立了新疆某河流域生态健康评价指标体系，并基于熵权法评价了流域生态健康状况。然而，这些评价没有统一的指标，而且大部分指标都是定性的、静态的，没有从动态的、发展的角度去衡量塔里木河流域的生态环境变化。为了探究《塔里木河流域近期综合治理规划报告》(简称"规划")实施前后塔里木河干流生态环境的变化状况，张沛等(2017)基于1990年、2000年和2010年7—8月的3期遥感数据，依据《生态环境状况评价技术规范》(HJ 192—2015)中的指标体系，利用生态环境状况指数方法，定量分析了综合治理前10年(1990—2000年)和综合治理后10年(2000—2010年)生态环境的变化状况，并探讨了发生变化的原因，为今后塔里木河流域的进一步治理提供了决策依据，对保障流域生态安全和经济社会的可持续发展具有重要意义。

1.3.4 生态用水安全预警和目标管理参数研究

生态需水是指为了维护以河流为核心的流域生态系统的动态平衡，避免生态系统发生不可逆的退化所需要的临界水分条件。在干旱区和半干旱区，流域生态需水多以河道为核心，包含河道内生态系统与河道外生态系统，属于典型的水陆交错带，荒漠绿洲景观结构的空间分布严格受河道水系的控制。国外生态需水研究可追溯到20世纪40年代，从满足航运流量到保护水生生物流量，逐步发展到维持河流生态系统完整性的流量管理，相继研发了生态需水计算的历史流量法、水力学法、生境法等方法，中国生态用水问题突出的流域，河流经常出现断流、干涸等水生态系统破坏的情形，因此需要更深入研究生态退化过程及其相应的生态需水定义并建立生态危机管理机制。汤奇成（1995）在绿洲研究中首次提出了"生态用水"概念，他认为要使绿洲生态环境不再持续恶化，应当在水资源总量配置时特别划分一部分水作为生态用水。刘昌明（1996）指出人类用水与生态用水必须遵循水能平衡、水盐平衡、水沙平衡和水量平衡四大平衡原则。Falkenmark（2004）指出了自然生态环境需水与人类生产生活需水之间的平衡问题，他认为人类若要实现与自然生态系统的和谐相处，应进行生态系统与水、土地的综合管理。陈敏建（2006）以黄河下游为研究区，计算出黄河最小生态流量和适宜生态流量，并根据生态标准河流的调度体系，建立了河流生态用水危机管理机制，对黄河调度进行了改进。

我国生态用水研究主要是在河道内生态用水及河道外生态用水两个方面。

（1）河道内生态需水量是指维持水生、陆生生物生存的基本需水量，对保障河流生态健康意义非凡。目前对河道内生态需水的研究主要集中于河道基本生态环境需水，较为常用的方法有 Q_{90} 法、RVA 法、Tennant 法、逐月频率法等。王西琴（2001）提出河道最小环境需水量概念，认为其是指为了保护河流基本功能不被破坏所必须在河道内流动的最小水量。李丽娟（2003）在研究海滦河河道生态需水时将河道生态需水量划分为多个部分，主要包括河流植被（天然和人工）耗水量、水生生物用水量、输沙平衡用水量等 6 大用水部分。赵琪等（2005）运用 $7Q_{10}$ 法、Tennant 法、水质目标约束法等 5 种方法计算了玛纳斯河最小生态径流。王伟等（2010）基于滦河生态-水文资料，采用逐月频率法和生态水力学法确定研究区河道适宜年生态需水量约为 8.93 亿 m^3。张强等（2012）采用逐月频率法，对东江流域水文变异后 4 个代表水文站的生态径流量进行分析，提议未来需要适当调水以保障该月份河流生态系统的稳定。

（2）在干旱区，河道外生态环境需水量一般指维护或改善流域天然植被生长状态的需水量，合理配置有限的水资源，让植被处于良性循环状态，是研究脆弱区生态环境需水量的主要目标。汤奇成（1995）认为干旱区绿洲生态需水量包括两部分：一是用于绿洲周边生态环境改善的植树造林和种草的水量，二是维持湖泊水面稳定，防止因人为或自然因素而出现水位下降、水质恶化或干涸的需水量。贾宝全等（2000）在研究干旱区生态用水时以新疆为例，探讨了生态用水的概念和分类，指出干旱区生态用水是为了维持和改善绿洲生存发展及环境质量支撑系统而消耗的水量，并且初步计算出了新疆地区的生态用水。闫正龙（2008）概括了常用的陆地生态需水计算方法，包括面积定额法、土壤湿度法、潜水蒸发法、植被耗水模式法等。郝博等（2010）针对西北干旱区现状，通过植被生态需水定额法，基于枯水年、平水年、丰水年三种水文年型计算了甘肃省民勤县植被的适宜和最小生态需水量，为其他干旱区提供参考。周丹等（2015）基于西北干旱区 1982—2010 年的两种 NDVI 遥感数据，建立了荒漠植被不同等级的阈值体系。

河流是干旱、半干旱地区人类活动的重要支撑和基本保障，环境流组成和环境流指标可用于干旱区的生态水文情势的评估分析。河流生态环境系统的健康维持需要多种水流条件来满足，河流生态环境需水在时间上应该表现为动态流量过程。基于此，美国大自然保护协会(The Nature Conservancy，TNC)于20世纪后期提出"环境流"的概念，即：维持河流生态环境所需的流量及其水文过程。国内外对环境流的概念存在不同的定义，总体上分为广义和狭义两种。世界自然基金会(WWF)及欧美国家认为环境流是维持河流生态环境所需的流量及其过程，这就是狭义的环境流，主要针对河流自然生态环境系统而言，应用也更为普遍。广义的环境流除了满足河流自然生态环境系统的需求外，还考虑了河流下游的一些社会经济需求(如人类用水)。

基于"河流水文过程线可分为一系列与生态有关的水位图模式"这一假设，河流流量过程被划分为枯水流量、特枯流量、高流量脉冲、小洪水和大洪水5种流量模式，即环境流组分(Environment Flow Components，EFC)的5种流量事件。Brian Richter(1996)认为这5种流量事件对维持河流生态系统完整性具有重要作用，不仅在枯季时需满足一定的水量，更重要的是一定规模的洪水，甚至极端枯水流量都发挥着重要的生态功能。国内外环境流研究已经从全球性大尺度宏观方向向小尺度微观方向发展，从侧重水量大小的研究向水质、生态环境保护的研究过渡。我国的相关学者对环境流的研究也比较多，但是由于语言差异和专业研究的片面性，并没有形成公认的、系统性的环境流研究概念。崔树彬等(2002)研究了黄河流域三门峡以下河段，得出4—6月份最小生态流量范围为300~600m³/s，11月至翌年3月为50~300m³/s。马晓超和粟晓玲(2013)研究了渭河的生态环境需水过程，发现人类活动对枯水流量及特枯流量事件的影响较为显著，在今后水资源利用与调度研究中，应加强对枯水流量和特枯流量事件的生态调度研究。王学雷和姜刘志(2015)基于水文变化指标分析(IHA)方法，研究了三峡蓄水前后长江中下游的生态水文特征变化及环境流指标变化，发现其影响程度随着与三峡大坝距离的增加而有不同程度的减弱；同时，汉江支流的汇入，以及洞庭湖、鄱阳湖对长江干流水文情势的调蓄作用在一定程度上缓解了三峡蓄水带来的影响。薛联青等(2023)基于水文改变指标基本分析方法，建立了环境流评价指标体系，着重分析了塔里木灌区引水对塔里木河干流阿拉尔和新渠满断面环境流变化的影响，结合环境流指标和生态系统的响应关系，制定了面向生态的水资源优化调度方案，为流域生态治理和水量分配提供了参考。

1.4 技术路线

1. 分析流域水资源的分布、生态格局演变规律及其驱动力

(1)根据室内外综合实验及气象观测的大气、水文数据，提取气温、降水、蒸发、径流等变化特征要素，分析其驱动因子，揭示塔里木河流域水资源时空分布演变规律及其驱动力。

(2)结合LANDSAD TM与MODIS等陆地表面信息数据，提取植被覆盖及土地利用特征要素，对植被覆盖度进行计算并分级，采用一元线性回归法分析植被覆盖变化趋势，分析植被覆盖度的时空演变规律和空间关联格局。

(3)构建流域景观综合评价指数体系，通过分析土地利用类型和景观指数的变化，建立景观生态风险评价模型，分析生态风险的时空演变规律及其驱动因子，为流域水资源的供需关系提供科学依据。

2. 建立适应于塔河的生态治理和水资源管理量化评价体系

(1)采用水文变化指标分析(IHA)方法，计算水文变量偏离度、单个指标改变度和整体水文改变度等评价指标，分析人类活动干扰前后的环境流变化，提取塔河环境流演变特征，评估流域环境流需求，分析生态水文情势变化，建立适应于塔河的环境流指标体系。

(2)分析塔河流域的生态现状及生态演变规律，开展流域供需水分析，采用可变模糊集理论、相对差异函数模型和改进的综合赋权法，构建复合系统水资源承载力评价模型；通过评估塔河流域的水资源承载力，搭建基于承载力分析的水资源系统熵值调控模型，提出生态治理多目标下的水资源配置调控方案。

(3)通过环境流演变特征、流域水资源及生态格局时空变化的响应规律，建立压力-状态-响应模型，通过状态子系统、压力子系统和响应子系统明确各环境影响因子相互之间的逻辑关系，以及人类活动下的干扰压力和各环境指标的变化响应，建立塔河生态系统健康响应机制和流域生态系统健康评价指标体系。

3. 核定变化环境下流域天然绿洲和人工绿洲的用水量

(1)根据社会经济、农业灌区和土地利用信息，结合土壤信息特征数据库和数字高程信息数据库，划分绿洲类型，提取并量化绿洲水文-生态时空特征，分析对比天然-人工绿洲的时空变化特征。

(2)根据绿洲耗水原理，采用遥感影像提取绿洲土地利用演变信息，结合 SWAT 模型构建绿洲耗水模型，并计算绿洲耗水量，剖析人工取水-排水干扰下的绿洲耗水机理。

(3)估算塔里木河流域绿洲需水量，构建绿洲稳定性评价指标体系，建立绿洲稳定性模型，采用水热平衡法及水量平衡法构建绿洲适宜规模数学模型，计算适宜的人工-天然绿洲规模，评价绿洲适宜规模承载力。

4. 构建多目标参数生态需水体系，建立生态用水安全预警机制

(1)依据环境流演变特征及建立的环境流指标体系，分析生态输水的时空累积响应规律，定量分析生态用水，计算流域河道内外生态需水量，确立最小生态需水量、适宜生态需水量和洪水期生态需水量等参数指标，构建多目标参数生态需水体系，形成维系生态塔河的指标体系。

(2)模拟生态调度，建立基于 MIKE SHE 模型的干旱区生态调度模型，模拟各河段生态调度下的水资源耗散量，剖析地下水对生态调水的响应规律，确立生态调度优化方案，建立不同流量等级下的生态用水安全预警机制。

技术路线图见图 1-1。

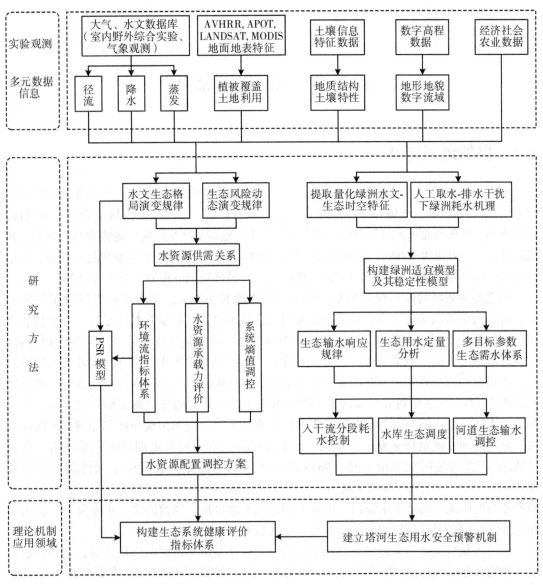

图 1-1　技术路线图

第2章　研究区概况

2.1　自然地理特征

塔里木河流域位于我国新疆维吾尔自治区南部的塔里木盆地内，地处东经 73°10′ ~ 94°05′，北纬 34°55′ ~ 43°08′，流域面积为 102.22 万 km²①。塔里木河流域地处塔里木盆地，盆地南部、西部和北部为阿尔金山、昆仑山和天山，地貌呈环状结构，地势为西高东低、北高南低，平均海拔为 1000m。各山系海拔均在 4000m 以上，盆地和平原地势起伏和缓，盆地边缘绿洲海拔为 1200m，盆地中心海拔 900m 左右，最低处为罗布泊，海拔为 762m。

阿克苏河流域的库玛拉克河长 298km，国内段长 105km，在库玛拉克河以东的河漫滩，既有河渠灌溉水的入渗，又有东侧来自高台地的径流，使温宿县托乎拉一带泉流、沼泽广布。托什干河长 457km，国内段长 317km，由西向东穿过乌什谷地。河谷阶地发育，在各级阶地上，渠网纵横密布，大量渠系灌溉水入渗补给地下水，又在河漫滩与低阶地溢出。库玛拉克河与托什干河在阿克苏市西大桥西北 15km 处汇合后称为阿克苏河。阿克苏河向南流 13km 至艾里西谷口被河床中的一条带状沙洲分为两支，西支称为老大河，东支称为新大河。新大河与老大河在阿瓦提县以下重新汇合，向东南流与叶尔羌河相汇形成塔河。阿克苏河干流至肖夹克汇入塔河，全长 132km。新大河是汛期泄洪主要河道，全长 113km；老大河是阿克苏市、农一师沙井子垦区和阿瓦提县灌溉引水天然河道，全长 104km。阿克苏河流域河道内水量损失计算较为复杂，库玛拉克河和托什干河，普遍存在河漫滩与低阶地处的地下水溢出，阿克苏河进入平原区后，汊河较多，水系复杂，新大河和老大河两岸灌溉对河道的水量回归补给也比较明显。

和田河是目前唯一穿越塔克拉玛干沙漠的河流，是南北贯通的绿色通道，也是目前塔里木盆地三条绿色走廊(塔河干流、叶尔羌河下游、和田河下游)中保存最好的一条自然生态体系，和田河下游绿色走廊的重要性不亚于塔河下游绿色走廊。根据和田河流域来水和用水情况分析，正常年份和田河流域的水量在非汛期大部分通过两渠首引至灌区，只有在汛期有洪水下泄至和田河下游和塔河干流，因此洪水对于维持和田河流域绿色走廊的生态平衡和向下游输水起到了决定性的作用。

开都河全长 560km，河流出山口至博斯腾湖河段长 139km，河段内水量损失率为 6%。孔雀河是无支流水系，唯一源头来自博斯腾湖，其原来的终点为罗布泊，后因灌溉农业发展，下游来水量急剧衰竭，河道断流，罗布泊于 1972 年完全干涸。孔雀河作为塔河一条重要的源流，被誉为巴州人民的"母亲河"，其下游绿色走廊与塔河下游绿色走廊共同组

---

① 本章数据来源于新疆维吾尔自治区塔里木河流域管理局编制的《新疆塔里木河流域综合规划》。

成塔里木盆地东北缘的天然绿色屏障。由于孔雀河下游远离交通干线、人迹罕至，该区又处于核试验禁区，再加上水资源极度匮乏，因此生态环境保护工作长期被忽视。

塔河流域北倚天山，西临帕米尔高原，南凭昆仑山、阿尔金山，三面高山耸立，地势西高东低。来自昆仑山、天山的河流搬运大量泥沙，堆积在山麓和平原区，形成广阔的冲积-洪积平原及三角洲平原，其中塔河干流形成的平原面积最大。根据其成因和物质组成，山区以下可分为以下三种地貌带：

（1）山麓砾漠带：为河流出山口形成的冲洪积扇，主要为卵砾质沉积物，在昆仑山北麓分布高度 1000~2000m，宽 30~40km；天山南麓高度 1000~1300m，宽 10~15km。地下水位较深，地面干燥，植被稀疏。

（2）冲洪积平原绿洲带：位于山麓砾漠带与沙漠之间，由冲洪积扇下部及扇缘溢出带、河流中、下游及三角洲组成。因受水源制约，绿洲呈不连续分布。昆仑山北麓分布高度 1500~2000m，宽 5~120km；天山南麓分布高度 920~1200m，宽度较大；坡降平缓，水源充足，引水便利，是流域的主要农牧业区。

（3）塔克拉玛干沙漠区：以流动沙丘为主，沙丘高大，形态复杂，主要有沙垄、新月形沙丘链、金字塔沙山等。

塔里木河流域远离海洋，地处中纬度欧亚大陆腹地，四周高山环绕，东部是塔克拉玛干沙漠，流域地形从上游到下游依次为高山、平原和荒漠。连接高山和沙漠的是一些大、中、小河流，以高山降水与冰川积雪融水为主要水源，流经山前洪积平原，最终流入沙漠中的湖泊湿地或消失于沙漠中。水资源的形成、运移及转化大致可分为 3 个区：Ⅰ区——山区，是塔河的产水区；Ⅱ区——绿洲和绿洲荒漠交错带，是水的耗散区；Ⅲ区——荒漠区，是水的消失区，如图 2-1 所示。

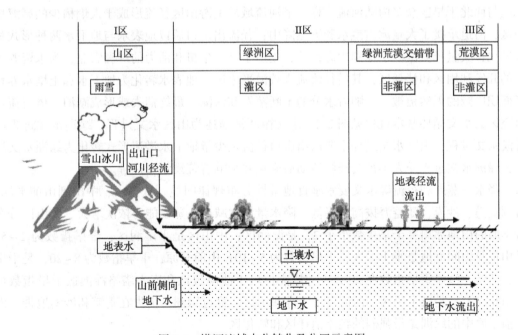

图 2-1　塔河流域水分转化及分区示意图

2.2　水文气象特征

塔里木河流域地处三面环山的塔里木盆地内，气候类型属于温带大陆性干旱气候。该地区气候干燥，降水稀少，蒸发强烈，日照时间长，昼夜温差大，四季气候差异显著，光热资源丰富。流域年平均气温为 3.3~12℃，夏季平均为 20.2~30.4℃，冬季平均为 -10.1~-20.3℃。全流域气温日较差较大，年平均日较差为 13.9~16.1℃，气温年较差最大值达 25℃。冲洪积平原及塔里木盆地≥10℃积温，多在 4000℃以上，持续 180~200 天；山区≥10℃积温少于 2000℃；一般纬度北移 1 度，≥10℃积温约减少 100 ℃，持续天数缩短 4 天。按热量划分，塔河流域属于干旱暖温带。年日照时数 2550~3500h，无霜期 190~220 天。

由于海拔和地势差异显著，降水量的时空分布极不均匀。广大平原一般无降水径流发生，盆地中部存在大面积荒漠无流区。降水量的地区分布，总的趋势是北部多于南部，西部多于东部，山地多于平原；山地降水量一般为 200~500mm，盆地边缘 50~80mm，东南缘 20~30mm，盆地中心约 10mm。全流域多年平均年降水量为 116.8mm，受水汽条件和地理位置的影响，"四源一干"多年平均年降水量为 236.7mm，是降水量较多的区域。而蒸散发量很大，以 E601 型蒸发皿的蒸发量计，一般山区为 800~1200mm，平原盆地为 1600~2200mm。

2.2.1　水文循环

与西北干旱区众多内陆河流一样，塔河流域的上游山区径流形成于人烟稀少的高海拔地区，河道承接了大量冰雪融水和天然降雨；径流出山口后以地表水与地下水两种形式相互转化，大量径流滋养了绿洲生态系统，创造了富有生机和活力的绿洲农业，为水资源主要的开发利用区和消耗区；其后径流流入荒漠平原区，地表水转化为地下水和土壤水养育了面积广阔的天然植被，并随着水分的不断蒸发和渗漏，最终消失或形成湖泊。塔河流域研究区的水文循环基本过程见图 2-2。水文循环被描述为山区水文过程、绿洲水文过程与荒漠水文过程，山区水文过程主要以出山口径流及少量地下水潜流形式转化为绿洲水文过程，绿洲水文过程受人类社会经济活动而变化并影响着荒漠水文过程。

降水、蒸发和径流等水文要素垂直地带性分布规律明显。从高山、中山到山前平原，再到荒漠、沙漠，随着海拔高程降低，降水量依次减少，蒸发能力依次增大。高山区分布着丰厚的山地冰川，干旱指数小于 2，是湿润区；中山区是半湿润区，干旱指数为 2~5；低山带及山间盆地是半干旱区，干旱指数为 5~10；山前平原，干旱指数为 8~20，是干旱带；戈壁、沙漠干旱指数在 20 以上，塔克拉玛干沙漠腹地和库木塔格沙漠区干旱指数可达 100 以上，是极干旱区。河流发源于高寒山区，穿过绿洲，消失在荒漠和沙漠地带。而山前平原中的绿洲是最强烈的径流消耗区和转化区。

塔里木盆地四周高山环抱，在地质历史时期，受地壳运动的影响，褶皱带成为山区，

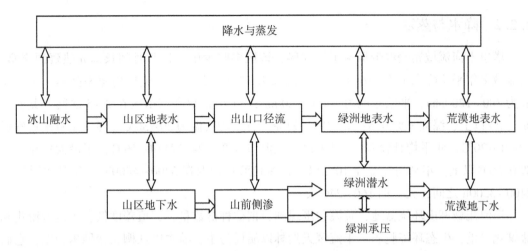

图 2-2 塔河流域水文循环示意图

沉降带组成盆地。山区降水所形成的地表河流,均呈向心水系向盆地汇集。地表河流在向盆地汇水的径流过程中,经历了不同的岩相地貌带,转化补给形成了具有不同水力特征的地下水系统,即潜水含水系统-潜水承压水系统-承压水系统。山前地带沉积有厚度很大的第四纪冲洪积层,河流出山口进入山前带后发生散流渗漏,大量补给地下水,成为平原区地下水的形成区。鉴于该地带岩性颗粒粗大,地下水径流强,形成单一结构、水质优良的潜水富集区。在山前带冲洪积扇以下的冲洪积平原或冲洪积-湖积平原区,河流流量变小或断流,地下水获得的补给有限,由于岩性颗粒变细,含水层富水性变差,且上部潜水已大部盐化,仅在地下深处埋藏有水质较好、水量较小的空隙承压水。由此可见,以水流为主要动力的干旱内陆河流域山前冲洪积扇缘、潜水溢出带、冲积平原的水文地质和土壤具有明显的分带性。从水文地质条件看,从单一结构的潜水含水层逐步过渡到潜水与承压水二元结构;地下水运动由以水平径流为主逐步过渡到以垂向运动为主,地下水埋深由深变浅,好水质逐渐溶解、浓缩为微咸水;土壤由粗颗粒沙质土逐渐过渡到细颗粒的黏性土,含盐量与有机质逐渐增加。为此,要选择适应于这类水文地质条件与土壤条件的产业结构布局、灌排技术体系、水资源及地下水利用和保护模式,制定适宜的地下水开发利用方案。

根据干旱区内陆河流域地形地貌和水资源形成、运移与消耗过程的特点,无论从来水和用水的角度,还是从利用和保护的角度,对一个流域来说,山区、绿洲和荒漠生态是一个完整水循环过程的组成部分。绿洲水循环强烈的人为作用与荒漠水循环自然衰竭变化是一个自上而下响应敏感的单向过程。依赖绿洲水资源发展的绿洲经济和荒漠生态是内陆干旱区水资源利用两大竞争性方向,处于河流下游的荒漠生态用水,在不受水权保护的情况下,只能是被动的受害者。就干旱区内陆河流域水资源合理利用和生态环境保护而言,绿洲水文与荒漠水文是一个有机的整体。

2.2.2　降水与蒸发

塔里木河流域属暖温带极端干旱气候，该区多晴少雨，日照时间长，光热资源丰富。全流域多年平均降水量为116.8mm，干流仅为17.4~42.8mm。流域内蒸发强烈，山区一般为800~1200mm，平原盆地为1600~2200mm。干旱指数高寒山区在2~5之间，戈壁平原达20以上，绿洲平原在5~20之间。夏季7月平均气温为20~30℃，冬季1月平均气温为−10~20℃。年平均日较差(一日中最高气温与最低气温之差)4~16℃，年最大日较差一般在25℃以上。年平均气温在10℃以上，≥10℃年积温在3300~4400℃。年日照时数在2400~3200h之间，无霜期160~240天。

塔河流域高山环绕盆地，荒漠包围绿洲，植被种群数量少，覆盖度低，土地沙漠化和盐碱化严重，生态环境脆弱。干流区天然林以胡杨为主，灌木以红柳、盐穗木为主，它们生长的盛衰、覆盖度的大小，因水分条件的优劣而异，生长较好的主要分布在阿拉尔到铁干里克河段的沿岸，远离现代河道以及铁干里克以下区域的植被生长，都受到了不同程度的抑制甚至出现衰败现象。

在远离海洋和高山环列的综合影响下，全流域降水稀少，降水量时空分布差异很大。流域降水量主要集中在春、夏两季，其中春季占15%~33%，夏季占40%~60%，秋季占10%~20%，冬季只占5%~10%。广大平原一般无降水径流发生，在流域北部的西北边缘靠近高山区形成了相对丰水带，这也是塔河流域的主要供给水源区。盆地中部存在大面积荒漠无流区。降水量的地区分布，总的趋势是北部多于南部，西部多于东部，山地多于平原；山地一般为200~500mm，盆地边缘为50~80mm，东南缘为20~30mm，盆地中心约为10mm。全流域多年平均年降水量为116.8mm，受水汽条件和地理位置的影响，"四源一干"多年平均年降水量为236.7mm，是降水量较多的区域，但蒸发能力很强，多年平均水面蒸发量在855.4~1746mm之间，是降雨量的20倍左右，蒸发主要集中在4—9月，一般山区为800~1200mm，平原盆地和沙漠为1600~2200mm(以折算E-601型蒸发器的蒸发量计算)。

2.2.3　水系及水资源

1. 水系

塔河流域水系由环塔里木盆地的阿克苏河、喀什噶尔河、叶尔羌河、和田河、开都河—孔雀河、迪那河、渭干河与库车河、克里雅河和车尔臣河等九大水系144条河流组成，流域面积102万km²，其中山地占47%，平原区占20%，沙漠面积占33%。流域内有5个地(州)的42个县(市)和生产建设兵团4个师的55个团场。塔河干流全长1321km，自身不产流，历史上塔河流域的9大水系均有水汇入塔河干流。由于人类活动与气候变化等影响，目前与塔河干流有地表水力联系的只有和田河、叶尔羌河和阿克苏河3条源流，孔雀河通过扬水站从博斯腾湖抽水经库塔干渠向塔河下游灌区输水，形成"四源一干"的格局。"四源一干"流域面积占流域总面积的 25.4%，多年平均年径流量占流域年径流总量的 64.4%，对塔河的形成、发展与演变起着决定性的作用。塔里木河干流位于盆地腹地，属于平原型河流。按地貌特点分为 3 段：肖夹克至英巴扎为上游，河道长 495km，河道比较顺直；英巴扎至恰拉为中游，河道长 398km，河道弯曲；恰拉以下至台特玛湖为下游，河道长 428km，河道纵坡较中游段大。塔河干流河床宽浅，水流散乱，沙洲密布，泥沙沿程大量淤积，导致河床不断抬高，河流来回改道迁移。20 世纪 60 年代以来，受干流两岸大量引水灌溉农田和漫灌草场等人类活动影响，干流主河槽输沙能力锐减，加速了河床淤积。

塔河流域主要河流特征见表 2-1。

表 2-1   **塔河流域"四源一干"特征表**

河流名称	河流长度（km）	流域面积（万 km²）			附注
		全流域	山区	平原	
塔河干流区	1321	1.76		1.76	
开都河—孔雀河流域	560	4.96	3.30	1.66	包括黄水沟等河区
阿克苏河流域	588	6.23（1.95）	4.32（1.95）	1.91	包括台兰河等小河区
叶尔羌河流域	1165	7.98（0.28）	5.69（0.28）	2.29	包括提兹那甫等河区
和田河流域	1127	4.93	3.80	1.13	
合计		25.86（2.23）	17.11（2.23）	8.75	

注：（ ）内为境外面积。

塔里木河干流位于盆地腹地，流域面积 1.76 万 km²，属于平原型河流。从肖夹克至英巴扎为上游，河道长 495km，河道纵坡 1/4600~1/6300，河床下切深度 2~4m，河道比较顺直，河道水面宽一般在 500~1000m，河漫滩发育，阶地不明显。英巴扎至恰拉为中游，河道长 398km，河道纵坡 1/5700~1/7700，水面宽一般在 200~500m，河道弯曲，水流缓慢，土质松散，泥沙沉积严重，河床不断抬升，加之人为扒口，致使中游河段形成众多汊道。恰拉以下至台特玛湖为下游，河道长 428km，河道纵坡较中游段大，为 1/4500~1/7900，河床下切一般为 3~5m，河床宽约 100m，比较稳定。

阿克苏河由源自吉尔吉斯斯坦的库玛拉克河和托什干河两大支流组成，河流全长 588km，两大支流在西大桥水文站汇合后，始称阿克苏河，流经山前平原区，在肖夹克汇入塔河干流。流域面积 6.23 万 km²，其中山区面积 4.32 万 km²，平原区面积 1.91 万 km²。叶尔羌河发源于喀喇昆仑山北坡，由主流克勒青河和支流塔什库尔干河组成，进入平原区后，还有提取那甫河、柯克亚河和乌鲁克河等支流独立水系。叶尔羌河全长 1165km，流域面积 7.98 万 km²（境外面积 0.28 万 km²），其中山区面积 5.69 万 km²，平原区面积 2.29

万 km²。叶尔羌河在出平原灌区后，流经 200km 的沙漠段到达塔河。

和田河上游的玉龙喀什河与喀拉喀什河，分别发源于昆仑山和喀喇昆仑山北坡，在阔什拉什汇合后，由南向北穿越塔克拉玛干大沙漠 319km 后，汇入塔河干流。流域面积 4.93 万 km²，其中山区面积 3.80 万 km²，平原区面积 1.13 万 km²。

塔里木河流域分区水资源量统计（1956—2016 年）见表 2-2。

表 2-2　　　　　　　　**塔里木河流域分区水资源量统计（1956—2016 年）**

序号	水资源分区			总面积（万 km²）	平原区面积（万 km²）	地表水资源量（亿 m³）	地下水不重复量（亿 m³）	水资源总量（亿 m³）
	一级区	二级区	三级区					
1	西北诸河	塔里木河源流区	和田河	7.7198	2.861	55.36	2.09	57.45
2			叶尔羌河	8.4427	2.5857	75.52	1.05	76.57
3			喀什噶尔河	7.5542	2.3018	47.28	3.21	50.49
4			阿克苏河	4.8827	2.0223	40.19	3.78	43.97
5			渭干河	3.8163	1.786	37.62	2.69	40.31
6			开都河—孔雀河（含迪那河）	10.5205	5.6506	49.1	1.66	50.76
7		昆仑山北麓小河区	克里雅河诸小河	6.6355	4.0462	24.46	1.51	25.97
8			车尔臣河诸小河	13.0213	5.8737	22.9	1.1	24
9		塔里木河干流区	塔里木河干流	3.1606	3.1606	0	0.23	0.23
10		塔里木盆地荒漠区	塔克拉玛干沙漠	21.4887	21.4887	0	0	0
11			库木塔格沙漠	12.4077	12.4077	0.05	0	0.05
12	合计			99.65	64.1843	352.48	17.32	369.8

开都河—孔雀河流域面积 4.96 万 km²，其中山区面积 3.30 万 km²，平原区面积 1.66 万 km²。开都河发源于天山中部，全长 560km，流经焉耆盆地后注入博斯腾湖。从博斯腾湖流出后为孔雀河。20 世纪 20 年代，孔雀河水曾注入罗布泊，原河道全长 942km；进入 70 年代后，流程缩短为 520km，1972 年罗布泊完全干枯。随着入湖水量的减少，博斯腾湖水位下降，湖水出流难以满足孔雀河灌区农业生产需要，为加强博斯腾湖水循环，改善博斯腾湖水质，1982 年修建了博斯腾湖抽水泵站及输水干渠，每年向孔雀河供水约 10 亿 m³，其中约 2.5 亿 m³ 水量通过库塔干渠输入恰拉水库灌区。

塔里木河最长河源为叶尔羌河上游的支流拉斯开姆河，尾闾为台特玛湖，河流全长 2602km。塔河干流始于阿克苏河、叶尔羌河、和田河的汇合口——肖夹克，归宿于台特玛湖，全长 1321km。塔河干流以及源流两岸的胡杨、柽柳和草甸，形成乔灌草的绿色植被带，是塔里木盆地四周人工绿洲的生态屏障，塔河干流下游恰拉以下的南北向河道两岸更是分隔塔克拉玛干和库姆塔格两大沙漠的绿色走廊，走廊面积为 4240km²。

2. 水资源

根据第三次全国水资源调查评价数据，塔里木河流域多年（1956—2016 年）平均水资源总量 369.8 亿 m³，其中地表水资源量 352.48 亿 m³，地下水资源不重复量 17.32 亿 m³。

2.3　社会经济状况

塔里木河流域多民族聚居，历史悠久，文化独特。2023 年末，塔里木河流域总人口为 1189 万人，占全疆总人口的 46%，现状流域人口增长率约为 12‰，高于全疆平均水平；有维吾尔族、汉族、回族、柯尔克孜族、塔吉克族、哈萨克族、乌孜别克族等 18 个民族。城镇化率为 40%，但低于全疆平均水平（52%），低于全国平均水平（64%）。

塔里木河流域经济特点为农牧经济占比大，经济发展滞后。截至 2023 年末，全流域国内生产总值为 4023 亿元，占全疆国内生产总值的 29.9%；流域三产极不均衡，三大产业中以农业为主，工业落后，工业总产值为 963 亿元，仅占全疆工业总产值的 26.7%，人均地区生产总值为 3.7 万元，占全疆人均地区生产总值（5.7 万元）的 64.2%，流域内仅巴音郭楞蒙古自治州人均地区生产总值高于全疆平均水平，其余地区人均地区生产总值均低于全疆平均水平，特别是和田市、克孜勒苏柯尔克孜自治州的贫困县经过脱贫攻坚战"摘帽"后，需要做好巩固拓展脱贫攻坚成果同乡村振兴有效衔接的工作。

受历史、自然、经济等因素的限制，流域经济发展严重依赖种植农业扩张，目前塔里木河流域已成为新疆粮棉和畜产品的主要产地，在新疆农业生产中占有极其重要的地位。2023 年末全流域总灌溉面积 5827 万亩，其中耕地灌溉面积 4287 万亩，林草灌溉面积 1340 万亩。粮食播种面积 1550 万亩，占全疆粮食播种面积的 46.8%；粮食总产量达 419 万吨，占全疆粮食总产量的 44.7%；棉花播种面积 2276 万亩，占全疆棉花播种面积的 58%；棉花总产量达 160 万吨，占全疆棉花总产量的 55.2%；年末牲畜总头数 3261 万头，占全疆年末牲畜总头数的 49.0%。

2.4　土地利用及植被覆盖

2.4.1　土地利用情况

干流区主要土地类型有：耕地、林地、草地、水域、农村用地、未利用土地 6 个一级类型，其中林地包括有林地、灌木林和疏林地，草地包括高覆盖度草地、中覆盖度草地和低覆盖度草地，水域包括河渠、湖泊和水库坑塘，未利用土地主要包括沙地、盐碱地、沼泽地、裸土地。

耕地主要分布在塔河上游，其次是塔河下游；林地主要分布在塔河干流两侧，草地主要分布在塔河中、下游，上游分布较少；水域主要分布在塔河河流内，少部分分布在水库坑塘、湖泊；未利用土地中沙地主要分布在河道南侧；盐碱地、沼泽地在整个干流区均有分布，裸土地主要分布在塔河中游。

叶尔羌河、阿克苏河、和田河、开都河、孔雀河五河流域土地类型除未利用土地中的滩涂、永久性冰川、雪地外，几乎涵盖了所有的一级土地利用种类，分别是耕地、林地、草地、水域、城镇及农村用地、未利用土地 6 个一级类型。其中耕地包括水田和旱地；林地包括有林地、灌木林地、疏林地、其他林地；草地包括高覆盖度草地、中覆盖度草地、低覆盖度草地；水域包括河渠、湖泊、水库坑塘、滩地；城镇及农村用地包括城镇用地、农村居民点和其他建设用地三类；未利用土地包括沙地、戈壁、盐碱地、沼泽地、裸土地及少量的裸岩石砾地。

2.4.2　植被类型

塔河干流天然植被类型少、结构单一，是我国植物种类最贫乏的地区之一。在植被区划中属暖温带灌木、半灌木荒漠区，分为河岸落叶阔叶林、温性落叶阔叶林灌丛、荒漠小乔木、半灌木、荒漠小半灌木、典型草甸、草本沼泽等植被类型，分属 26 科 63 属 86 种。以胡杨、灰杨为主的河岸林是塔河干流荒漠区的主体森林类型，也是我国胡杨林分布最集中的地区，在世界上占有极其重要的地位。灌木以柽柳属植物、铃铛刺、黑刺、白刺、梭梭为主；草本植物以芦苇、大花罗布麻、胀果甘草、花花柴、疏叶骆驼刺为主。

塔里木河流域的植被由山地和平原植被组成。山地植被具有强烈的旱化和荒漠化特征，中、低山带超旱生灌木，寒生灌木是最具代表性的旱化植被；高山带形成呈片状分布的森林和灌丛植被及占优势的大面积旱生、寒旱生草甸植被。

干流区天然林以胡杨为主，灌木以红柳、盐穗木为主，另有梭梭、黑刺、铃铛刺等，草本以芦苇、罗布麻、甘草、花花柴、骆驼刺等为主。它们生长的盛衰、覆盖度的大小，因水分条件的优劣而异。

塔河流域平原区天然植被面积统计见表 2-3。

表 2-3　　　　　　　　　　　流域平原区天然植被面积统计表

水资源分区		林草合计（万亩）	林地（万亩）				天然草地（万亩）
			有林地	灌木林地	疏林地	小计（万亩）	
平原区		5296.8	423.6	427.7	514.4	1365.7	3931.1
塔河干流区	小计	2130.7	334.8	211.3	335.7	881.8	1248.9
	上游	949.9	214.4	136.1	187.6	538.1	411.8
	中游	936.3	101.5	70.4	110.0	281.9	654.4
	下游	244.5	18.9	4.8	38.1	61.8	182.7
阿克苏河流域		1540.2	6.8	67.1	3.6	77.5	1462.7
和田天河流域		461.6	72.2	134.1	75.6	281.9	179.7
开都河—孔雀河流域		1164.3	9.8	15.2	99.5	124.5	1039.8

塔河流域高山环绕盆地，荒漠包围绿洲，植被种群数量少，覆盖度低，土地沙漠化与盐碱化严重，生态环境脆弱。按照水资源的形成、转化和消耗规律，结合植被和地貌景观，塔河流域生态系统主要包括径流形成区的山地生态系统，径流消耗和强烈转化区的人工绿洲生态系统，径流排泄、积累及蒸散发区的自然绿洲、水域及低湿地生态系统，严重缺水区或无水区的荒漠生态系统。由于自然环境演变和人类活动的加剧，塔河流域的生态系统发生了较大的变化，主要表现为"四个增加、四个减少"，即：人工水库、人工植被、人工渠道、人工绿洲面积增加，自然河流、天然湖泊、天然植被、天然绿洲面积减少。生态系统演变的趋势，可以概括为"两扩大"和"四缩小"，即人工绿洲与沙漠同时扩大，而处于两者之间的自然林地、草地、野生动物栖息地和水域缩小。

采用生态脆弱性指数作为评价标准，阿克苏河流域的生态整体的脆弱性属轻微脆弱，叶尔羌河流域为一般脆弱，和田河流域为中等脆弱；塔河干流区上游的生态脆弱性为一般脆弱，中游为中等脆弱，下游为严重脆弱。

2.4.3　植被分布特征

塔里木河流域地处干旱的荒漠地带，干旱的大陆性气候制约着森林植被的生长发育。除绿洲平原外的其他区域森林植被一般具有林相稀疏、分布零散、林线升高与组成单一等特征，呈现出水平分布的规律性，而森林植被的覆盖率很低。山区地理位置特殊，旱化、荒漠化特征明显，在高山带形成呈片状分布的森林、灌丛植被和旱生、寒旱生草甸植被。平原地带性植被、建群植物的生活型以超旱生的灌木为代表。

2.5　地质条件

2.5.1　工程地质

（1）上游：塔里木河两岸为河漫滩，地形平坦，局部为低矮的沙丘，洪水期河水泛滥。工程区的地表岩性为第四系全新统冲洪积物和风积残积物，地表10m以内地层岩性为壤土、砂壤土和粉砂。天然地基的承载力为90kPa。

（2）中游：塔里木河两岸为河漫滩，地形平坦，有零星分布的低矮沙丘，洪水期河水泛滥，河流改道和漫溢频繁。工程区的地表岩性为第四系全新统冲洪积物和风积残积物，地表5m以内地层岩性为粉细砂夹壤土、砂壤土，含泥量较高。天然地基的承载力为90kPa。

（3）下游：塔里木河两岸为河漫滩，地形平坦，局部为低矮的沙丘，洪水期河水泛滥。工程区的地表岩性为第四系全新统冲洪积物和风积残积物，地表10m以内地层岩性为壤土、砂壤土和粉砂。天然地基的承载力为90kPa。

2.5.2　水文地质

（1）上游：地下水主要为孔隙潜水，地下水埋深在2.80~4.70m，补给来源为地表水和大气降水，排泄以补给地表水、大气蒸发和植物蒸腾为主。地下水水化学类型为

Cl-SO$_4$-K-Na型，水质矿化度在 1.06~5.67g/L，平均值为 4.24g/L。

（2）中游：地下水主要为孔隙潜水，地下水埋深在 0.70~4.30m，多数地区地下水埋深在 2.0m 以内，地下水埋深受河水位变化的影响较大。地下水补给来源为地表水，排泄以补给地表水、大气蒸发和植物蒸腾为主。地下水水化学类型为 Cl-SO$_4$-K-Na 型，水质矿化度为 3~10g/L。非汛期塔里木河水质较差，地下水对混凝土有中等程度的硫酸盐侵蚀性。

（3）下游：地下水主要为孔隙潜水，地下水埋深在 2.80~4.70m，补给来源为地表水和大气降水，排泄以补给地表水、大气蒸发和植物蒸腾为主。地下水水化学类型为 Cl-SO$_4$-K-Na型，水质矿化度为 3~10g/L，平均值为 4.24g/L。

第3章 塔里木河流域生态格局演变规律及驱动力研究

生态景观格局具有多层异质结构,它直接反映社会形态下人类活动和经济发展状况,与区域社会、经济可持续发展密切相关。生态景观格局变化分析是景观生态学研究的核心问题之一。研究生态景观格局的动态变化,可以从各种景观变化中总结出有序的规律,揭示景观格局与生态系统变化之间的相互作用,从而对景观格局变化的方向、尺度以及时间等进行模拟、评估和预测,为资源利用和环境建设提供重要的参考。

生态景观是一个宏观系统,大量空间数据的获取、分析和处理是景观尺度研究的重要特征。遥感(RS)和地理信息系统(GIS)技术是研究生态景观格局的重要工具,特别是在研究各种景观现象的分布规律、演变特征、空间镶嵌关系以及生态景观格局的模拟等方面起着重要的作用。

3.1 流域植被覆盖变化及其驱动因子研究

近年来,干旱区植被恢复相关的生态环境问题受到了广泛关注。塔里木河干流地区属于新疆生态环境研究的典型区,其天然植被的生长态势与流域水资源的供给状况息息相关,充沛的源流来水和合理的生态输水是维持塔里木河干流绿洲生态系统良性发展的必要条件。因此,本章研究变化环境下的植被覆盖对塔里木河流域生态-水文格局的响应关系,从机理上探究干流植被变化的驱动因子,揭示干流河水漫溢天数和生态输水过程对植被生长的影响机制,为塔里木河干流流域的绿色生态建设和植被盖度恢复提供数据支持。

3.1.1 数据来源

本章使用遥感数据、DEM 数据作为基础数据源。遥感数据下载于地理空间数据云(http:www.gscloud.cn/)(1990 年为 MSS 数据,2000 年、2010 年为 LANDSAT 7 TM 数据,2023 年为 LANDSAT 8 OLT 数据),分辨率 30m。

3.1.2 植被覆盖变化分析方法

1. 植被覆盖度的计算

植被覆盖度与 NDVI 间存在着明显的线性相关关系,计算公式如下:

$$f_c = \frac{\text{NDVI} - \text{NDVI}_{\text{soil}}}{\text{NDVI}_{\text{veg}} - \text{NDVI}_{\text{soil}}} \tag{3.1}$$

式中，NDVI、$NDVI_{soil}$ 和 $NDVI_{veg}$ 依次为各像元、裸土区和植被完全覆盖区的像元 NDVI 值。

在塔里木河干流流域，选取像元内累积频率 0.5% 和 99.5% 的 NDVI 值分别表示 $NDVI_{soil}$ 和 $NDVI_{veg}$。塔里木河干流植被根据其覆盖度可分为 4 类，具体分类标准为：裸地 $(f_c \leqslant 0.1)$，低覆盖度荒漠植被区 $(0.1 < f_c \leqslant 0.25)$，高覆盖度荒漠植被区 $(0.25 < f_c \leqslant 0.35)$，绿洲农业区 $(f_c > 0.35)$。

2. 趋势分析

一元线性回归可以用来探索每个栅格点的变化趋势，即计算植被覆盖度 f_c 在时间尺度上的变化率。计算公式如下：

$$\theta_{slope} = \frac{n \sum_{i=1}^{n} i \times f_{ic} - \sum_{i=1}^{n} i \sum_{i=1}^{n} f_{ic}}{n \sum_{i=1}^{n} i^2 - \left(\sum_{i=1}^{n} i \right)^2} \tag{3.2}$$

式中，θ_{slope} 为趋势斜率；n 为研究时段长；f_{ic} 为第 i 年监测月份的植被覆盖度。

3. 空间关联格局分析

采用全局和局部 Moran's I 指数分析景观格局脆弱度空间关联，其中，全局 Moran's I 指数是整个研究区域某一要素的空间相关关系，局部 Moran's I 指数是一个局部小区域与相邻小区域同一属性的相关程度，局部间关联格局采用 LISA 分布图表示。全局 Moran's I 值的计算公式如下：

$$\text{GlobalMoran's I} = \frac{\sum_{i=1}^{n} \sum_{j=1}^{m} W_{ij}(x_i - \bar{x})(x_j - \bar{x})}{S^2 \sum_{i=1}^{n} \sum_{j=1}^{m} W_{ij}} \tag{3.3}$$

式中，x_i 和 x_j 分别表示位置 i 和 j 的观测值；$\bar{x}$ 为均值；W_{ij} 表示位置 i 和 j 的临近关系的权重矩阵。

通过计算 Moran's I 值对研究区内 f_c 的空间聚集特征及其对相邻区域的影响程度进行客观评价，局部 Moran's I 值的计算公式如下：

$$\text{LocalMoran's I}_i = \frac{(x_i - \bar{x})}{S^2} \sum_{j} W_{ij}(x_j - \bar{x}) \tag{3.4}$$

$$S^2 = \frac{1}{N} \sum_{i} (x_i - \bar{x})^2 \tag{3.5}$$

$$\bar{x} = \frac{1}{n} \sum_{i=1}^{n} x_i \tag{3.6}$$

式中，Moran's I_i 负值代表负相关，即空间集聚性逐渐减小；零值代表不相关，即样本独立随机分布；正值代表正相关，即空间特征趋于聚集。

4. 相关性分析

度量变量间相关程度的统计量不同，相关系数的表现形式也会不同。常用的相关系数，包括参数统计方法（Pearson 相关系数）和非参数统计方法（Spearman 相关系数、Kendall 等级相关系数）。采用 Pearson、Kendall、Spearman 相关系数作为评价指标，来分析两个变量间的相关系数，保障评价结果较为真实客观。

3.1.3 植被覆盖度的时空演变分析

21 世纪初以来，塔里木河干流生长期河道两岸的植被覆盖度 f_c 年际变化趋势较为一致，变化幅度略有差异。塔河干流上游、中游、下游 3 个子区域生长期植被覆盖度均呈上升趋势，线性倾向率分别为 0.072/10 年，0.037/10 年和 0.019/10 年；表明 2001—2020 年期间，塔河流域的植被生长情势有所好转，两岸生态环境逐步改善。其中，塔河上游生长季植被覆盖度与绿洲农业区的变化趋势基本一致，中游植被覆盖度与绿洲农业区和高覆盖度荒漠植被区二者的面积走势较为一致。塔河干流上游段（肖夹克—英巴扎）的植被恢复情况最好，因为近 20 年来气候变化导致山区冰雪融水猛增，出山口的径流量变大，上游段植被得以恢复；同时，上游段是居民密集区，植被覆盖度的变化可能与人类大规模开垦农耕地相关。塔河干流中游段（英巴扎—恰拉）的植被恢复情况次之，下游段（恰拉—台特玛湖）植被恢复情况最弱。自 1970 年起，下游段开始出现断流现象，以地下水补给为主的天然植被日益减少。塔里木河流域生态环境的改善尤其是干旱地区植被的生长，一般需要较长的恢复期，特别是在下游这样的生态环境脆弱区。总体而言，整个塔里木河干流地区的植被覆盖情况近年来得到了明显改善，与中国西北地区 2000 年以来植被活动增强的研究结论一致。

1. 植被覆盖度的空间分布

通过对塔里木河干流逐个栅格像元进行一元线性回归分析，得到了 2001—2020 年塔里木河干流植被覆盖度的变化趋势，区域内 θ_{slope} 的值域范围为 $-0.045 \sim 0.078$，说明干流植被变化趋势并不均一。选择 -0.02、-0.005、0.005、0.02 和 0.05 为分段阈值，把塔河干流的植被覆盖度 f_c 划分为了 6 个级别，不同改变类型的统计情况见表 3-1。

表 3-1　　2001—2020 年间塔里木河干流生长季植被覆盖度 f_c 变化趋势统计

f_c 变化趋势	等级	面积（km^2）	比例（%）
slope≤-0.02	严重退化	167	0.48
-0.02<slope<-0.005	中度退化	2095	6.03
-0.005≤ slope ≤0.005	基本不变	23219	66.84

续表

f_c 变化趋势	等级	面积(km^2)	比例(%)
0.005<slope ≤0.02	中度改善	7073	20.36
0.02<slope ≤0.05	明显改善	1930	5.56
slope>0.05	显著改善	255	0.73

2. 不同离河距离下植被分布频率

塔里木河流域的沿岸植被分布随水资源的时空分布变化而变化，因而需要分析不同离河距离下植被的分布频率，针对不同水资源条件制定相应的天然植被保护范围和目标，提出合理的定量化的生态输水方案。

利用 ArcGIS10 的空间分析工具，提取距河道每 1km 的植被面积，研究距上、中、下游河道不同宽幅下的植被像元个数(如表 3-2 所示)。沿河流流向方向，植被像元个数成倍骤减，距离河道 1km 范围内，2001 年上游、中游、下游植被像元个数分别为 3654 个、1758 个和 665 个；2020 年上游、中游、下游植被像元个数分别为 3495 个、1752 个和1358 个；近 20 年来，塔河下游河道 1km 内的植被像元个数增加了一倍。离河道 1~15km范围，上游各个宽幅的植被像元个数全部增加；离河道 1~5km 范围，中游各个宽幅的植被像元个数全部增加；离河道 35km 范围之内，下游各个宽幅的植被像元个数全部增加。总体而言，塔河干流沿岸各缓冲区内植被像元个数表现出随着离河道距离的增加而逐步减少的态势，植被像元个数最大值位于干流主河道附近，很明显该缓冲区的水分条件最好。

表 3-2 塔河河道 35km 缓冲区内植被像元个数统计

缓冲区 (km)	2001 年			2020 年			缓冲区 (km)	2001 年			2020 年		
	上游	中游	下游	上游	中游	下游		上游	中游	下游	上游	中游	下游
0~1	3654	1758	665	3495	1752	1358	18~19	282	245	129	284	228	149
1~2	2223	1542	545	2229	1560	787	19~20	246	234	105	245	249	127
2~3	1983	1370	521	2110	1413	607	20~21	212	233	110	231	248	116
3~4	1770	1271	489	1884	1318	554	21~22	192	240	76	222	255	95
4~5	1604	1157	472	1733	1158	507	22~23	209	249	44	232	276	79
5~6	1451	1072	435	1539	1055	453	23~24	180	264	41	203	294	59
6~7	1362	939	406	1494	921	441	24~25	175	280	25	176	313	45

缓冲区（km）	2001 年			2020 年			缓冲区（km）	2001 年			2020 年		
	上游	中游	下游	上游	中游	下游		上游	中游	下游	上游	中游	下游
7~8	1258	870	385	1406	823	435	25~26	174	284	29	161	339	36
8~9	1170	750	317	1352	674	403	26~27	146	277	28	148	348	36
9~10	1059	727	258	1258	612	383	27~28	165	249	17	154	331	26
10~11	902	657	232	1115	544	375	28~29	159	216	11	150	305	25
11~12	763	594	217	957	529	366	29~30	157	160	3	154	262	13
12~13	638	476	179	795	407	316	30~31	158	151	4	154	200	9
13~14	510	433	129	622	380	233	31~32	162	87	14	152	145	31
14~15	450	374	131	501	344	177	32~33	168	35	32	156	114	44
15~16	389	350	134	420	338	171	33~34	156	26	34	144	73	49
16~17	348	312	133	385	312	153	34~35	168	27	40	160	54	45
17~18	306	288	137	328	265	159							

通过距河道不同宽幅下的天然植被面积占总面积的比率确定每千米天然植被分布率，对每千米频率值进行累加，得到塔里木河干流天然植被累积分布曲线。对拟合方程进行求解，可以得到 2001 年和 2020 年塔河干流上、中、下游河段两岸天然植被分布范围。具体来讲，上游 80% 以上的天然植被主要分布在距河道 13~14km 的范围内；中游 80% 以上的天然植被主要分布在距河道 17~20km 的范围内；下游 80% 以上的天然植被主要分布在距河道 13~14km 的范围内。

3.1.4 植被覆盖度的空间关联格局分析

对塔里木河干流 2001—2023 年的植被覆盖度均值进行局部空间自相关分析。计算植被覆盖度 f_c 的局部空间关联指标并绘制 LISA 图，更有利于了解 f_c 的局部空间聚集模式和规律。在 ArcGIS 中，以 0.05×0.05 度重采样网格，每个小网格内都包含了其植被覆盖度 f_c 的多年平均值，在 Geoda 软件中计算空间关联指标。塔里木河干流的局部 Moran's I 值为 0.73，在 $\alpha=0.05$ 的水平上显著（如图 3-1 所示）。说明塔里木河干流植被覆盖度的空间分布在整体上表现出显著的空间正相关，植被覆盖度呈聚集状态。

通过计算塔河干流植被覆盖度的局部空间自相关指标，绘制植被覆盖度的 LISA 集聚图（图 3-2(a)）和显著性水平分布图（图 3-2(b)）。由 LISA 集聚图可见，灰色区域表示空间自相关性不显著，塔里木河干流上游地区多呈现高-高自相关的状态，而塔里木河下游，尤其是下游的右岸，植被覆盖度为低-低相关且呈带状分布，塔里木河中游植被覆盖度局部空间集聚不显著。这里的"高"和"低"是相对于网格均值而言的，植被覆盖度 f_c 局部空间自相关分析的高-高自相关结果表明这些地区植被覆盖相对较好，且其多年平均植被覆盖之间具有关联性；反之，低-低自相关结果表明该地区植被覆盖较差。由图 3-2(b) 可

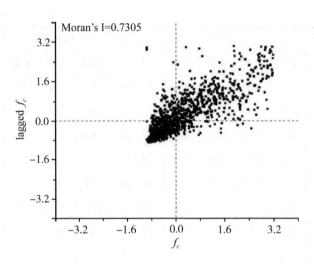

图 3-1 塔河干流 f_c 局部空间相关 Moran's I 散点图

知，除塔里木河中游大部分地区呈灰色不显著外，其他呈现深色的区域大部分达到了 5% 的显著性水平。

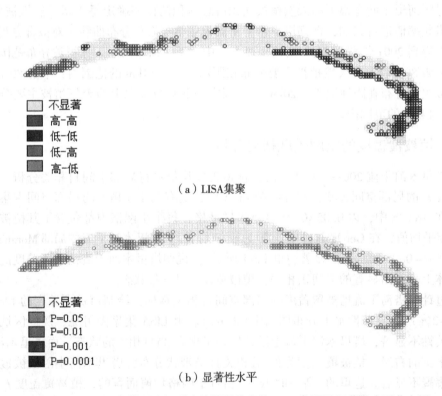

（a）LISA 集聚

（b）显著性水平

图 3-2 2001—2023 年塔里木河干流植被覆盖度的 LISA 集聚及显著性水平分布图

3.1.5 植被覆盖度变化的驱动因子分析

影响植被变化的因素一般包括气象因素和人为因素。塔里木河沿岸分布的自然植被大部分是依靠地下水的补给而生存生长，植被变化和气象因素的相关性不大。为了深入了解塔里木河干流植被变化的沿程差异及其驱动因子，本章主要探究阿拉尔站下泄水量、新渠满站下泄水量和2001年以来大西海子水库生态输水对塔里木河上、中、下游植被覆盖度的影响。

1. 上中游植被覆盖度与河水漫溢年累积天数的关系

干旱区内陆河流域的河水漫溢现象，在植被动态分布格局演变和植被恢复重建中起着重要的作用。植被的生长是一个相对缓慢的过程，因而植被覆盖度变化对河水漫溢的响应存在滞后现象，其滞后性与河水漫溢年累积天数和研究区域特性等因素相关。分别建立2000—2023 年上、中游生长季植被覆盖度与河水漫溢年累积天数的相关统计样本。选择河道径流量较为充沛的阿拉尔水文站、新渠满水文站的下泄水量进行探讨分析。结合相关资料，选定阿拉尔站、新渠满站发生河水漫溢的最小下泄流量分别为 $500 \mathrm{m}^3/\mathrm{s}$ 和 $400 \mathrm{m}^3/\mathrm{s}$。

塔河上游的植被覆盖度和阿拉尔站河水漫溢年发生天数的变化情况存在一定联系。2000—2023 年河道漫溢天数迅速增长，但植被覆盖度变化不大，直到 2004 年才有一定的提升，由 0.352 增加到了 0.399，说明上游植被生长状态的好转需要大洪水场次达到一定的累积量值。2000—2009 年，植被覆盖度情况基本滞后于河道漫溢天数变化情况 2~3 年。2009 年以后，两者变幅开始呈现一致趋势，具体表现为 2009—2011 年，同步增大；2011—2023 年，同步减小。

为了定量探究塔里木河干流植被覆盖度对河水漫溢的响应，本章统计了 2001—2023 年塔河上、中游植被覆盖度与阿拉尔站、新渠满站的当年以及前期河水漫溢年累积发生天数的 3 种相关系数，见表 3-3。

表 3-3　　　　上中游植被覆盖度 (f_c) 与河水漫溢年累积天数 (D_{cod}) 的相关系数

相　关　项		河水漫溢年累积天数		
		Pearson	Kendall	Spearman
上游	f_c 与当年 D_{cod}	0.848 **	0.678 **	0.854 **
	f_c 与前 1 年 D_{cod}	0.891 **	0.689 **	0.847 **
	f_c 与前 2 年 D_{cod}	0.900 **	0.707 **	0.845 **
	f_c 与前 3 年 D_{cod}	0.866 **	0.684 **	0.814 **

续表

相　关　项		河水漫溢年累积天数		
		Pearson	Kendall	Spearman
中游	f_c 与当年 D_{cod}	0.685**	0.467*	0.644**
	f_c 与前 1 年 D_{cod}	0.813**	0.581*	0.789**
	f_c 与前 2 年 D_{cod}	0.821**	0.604**	0.785**
	f_c 与前 3 年 D_{cod}	0.756**	0.538*	0.731**

注：** 表示显著性 t 检验的概率值 $P<0.01$，* 表示显著性 t 检验的概率值 $P<0.05$。

从相关分析结果可以看出：上、中游植被覆盖度与河水漫溢年累积天数之间均具有正相关关系，且均通过了置信度为 99% 的显著性检验。尤其是塔里木河上游植被覆盖度与前 2 年的河水漫溢年累积天数之间的 3 种相关系数值均达到了 0.7 以上，Pearson 相关系数更是高达 0.9。上、中游植被覆盖度变化对河水漫溢年累积天数的响应均存在一定的滞后现象，其相关系数在滞后期为 2 年时达到最大。上游植被覆盖度与前 2 年的河水漫溢年累积天数的相关性较大，而中游相对偏小。

2. 下游植被覆盖度与生态输水的关系

干旱区植被的生长，主要受限于根系水分的供应，即和地下水位密切相关，而由政府启动的塔里木河下游紧急生态输水正是对其区域地下水最直接的补充。随着 2000 年来"生态输水"工程的实施以及下游河岸地下水位的回升，塔河生态环境退化得到明显遏制。从2000 年开始到 2023 年底对塔里木河下游（大西海子水库以下）共实施 20 次生态输水。为探究塔里木河下游 20 次生态输水和植被长势的相关关系，提取塔里木河下游 2000—2023 年的生长季植被覆盖度值、各年的生态输水量和生态输水累积量。遥感图像分类统计结果表明，随着生态输水次数的增加，塔河下游的植被覆盖度整体而言呈现出增加的趋势，但也有小幅度的波动，经历了显著增加（2000—2005 年）——快速衰退（2006—2009 年）——恢复增长（2010—2023 年）的过程。其中，植被面积处于阶段性峰值的 2005 年较 2000 年净增长 386km²。值得一提的是，植被覆盖度最小值并非出现在生态输水的第一年，而是发生在 2001 年，说明塔里木河下游长期的干旱和植被退化难题难以在短时期内完全解决，植被情况的恢复改善存在滞后期。

塔河下游累积生态输水量的变化趋势，经历了极速上升（2000—2005 年）——稳定不变（2006—2009 年）——恢复上升（2010—2023 年）的过程。显然，塔河下游植被覆盖度的改变和其累积生态输水量的变化有着密不可分的关系。研究表明，2000 年的两次生态输水均只到达喀尔达依，影响范围不是太大，不足以有效遏制植被退化，因而植被覆盖度增加相对于生态输水滞后 1 年。2005 年植被覆盖度最大，与累积生态输水量的持续增加且在该年达到最大有着直接的关系。2006—2009 年，植被开始衰退，观察到该时段内累积生态输水量几乎保持不变，说明此时生态输水量大幅骤减，引发了大量草地、胡杨林等天然植被的衰败。2010 年以后，随着生态输水情况的恢复，下游的植被长势也逐步好转。

采用 3 种相关系数分析年生态输水量、生态输水累积量对塔河下游生长季植被覆盖度 f_c 的影响，见表 3-4。从下游植被覆盖度和当年以及前期年生态输水情况的相关关系来看，植被覆盖度与当年的生态输水量值是正相关的，但相关系数较小。植被覆盖度与前 2 年生态输水量的 Pearson 相关系数相对较大，为 0.336；与前 3 年的生态输水量值几乎不具有相关性。从整体上看，下游植被覆盖度和当年以及前期生态输水累积量的 3 种相关系数，都显著高于和年生态输水量的相关系数，说明大西海子水库下泄输水对植被长势的恢复状况是具有累积效应的。下游植被覆盖度和当年生态输水累积量的 3 种相关系数，均通过了置信度为 99% 的显著性检验，Pearson 值更是高达 0.709；其和前 1 年生态输水累积量的 3 种相关系数值依次为：0.615，0.464，0.624；下游植被覆盖度和更为前期的生态输水累积量呈正相关，但相关系数较小。

表 3-4　　　下游植被覆盖度(f_c)与年生态输水量、年生态输水累积量的相关关系

相关项	年生态输水量			生态输水累积量		
	Pearson	Kendall	Spearman	Pearson	Kendall	Spearman
下游 f_c 与当年输水	0.332	0.235	0.367	0.709**	0.498**	0.677**
f_c 与前 1 年输水	0.291	0.087	0.147	0.615*	0.464*	0.624*
f_c 与前 2 年输水	0.336	0.211	0.328	0.432	0.358	0.512
f_c 与前 3 年输水	-0.157	0.026	0.011	0.208	0.275	0.418

注：** 表示显著性 t 检验的概率值 $P<0.01$，* 表示显著性 t 检验的概率值 $P<0.05$。

3.2　流域土地利用景观格局变化特征分析

受水资源时空分布格局的影响，塔河流域两岸的天然植被常年发生退化，尤其是大西海子水库以下的生态问题格外突出。然而，近年来塔河干流流域景观格局变化及生态风险的时空演变规律并不确定。鉴于此，从保护塔里木河流域景观格局稳定性的角度出发，构建干流景观格局综合指数，揭示景观生态风险的时空演变特征，探明其空间关联格局，可保证流域可持续开发和景观格局的科学利用。

3.2.1　景观综合指数的构建

Fragstats 景观生态格局分析软件支持多种格式的栅格数据，将 5 期土地利用 ArcGrid 格式的数据输入到 Fragstats 软件中，得到构建景观综合指数所需的 2 个基本指数——斑块类型面积(A_i)和斑块数(n_i)。从保护塔里木河流域景观格局稳定性的角度出发，基于 3 个

基础景观指数构建塔河综合生态风险指数，研究塔河干流景观生态风险大小及空间关联格局。

1. 景观干扰度指数

景观干扰度指数可以表示不同景观生态系统受外部状态干扰的程度，显然，外部状态对流域的干扰越大，流域所面临的生态风险就越大，景观干扰度指数的表达式为

$$E_i = aC_i + bN_i + cD_i \tag{3.7}$$

景观破碎度指数的表达式为

$$C_i = \frac{n_i}{A_i} \tag{3.8}$$

景观分离度指数的表达式为

$$N_i = \frac{A}{2A_i}\sqrt{\frac{n_i}{A}} \tag{3.9}$$

景观优势度指数的表达式为

$$D_i = \frac{n_i}{n} \tag{3.10}$$

式中，n_i 为景观类型 i 的斑块数；A_i 为景观类型 i 的总面积；A 为景观总面积；a、b、c 分别为 C_i、D_i 和 N_i 的权重，且 $a+b+c=1$。依据经验，本书将 a、b、c 分别取值为 0.5、0.3 和 0.2。

2. 景观脆弱度指数

不同景观类型抵抗外部干扰的能力可以用一个指数来表示，即景观脆弱度。通常，某一景观类型抵御外部状态干扰的能力与其景观脆弱度和生态风险的大小恰恰相反，即其抗干扰性愈小，则对应景观脆弱度愈大，生态风险也愈高。针对塔里木河干流实际情况，将塔河干流两岸景观类型的脆弱性依次分为 9 个等级：未利用地、低覆盖度草地、高覆盖度草地、耕地、疏林地、有林地、河道、水体、居民地，权重分值由 9 到 1，并采用归一化处理，得到各景观类型的脆弱度指数 F_i。

3. 景观损失度指数

将各个指数叠加，用来反映人工-自然复合作用下流域生态系统中不同景观类型自然属性的损失程度。景观损失度指数 (R_i) 的表达式为

$$R_i = E_i \times F_i \tag{3.11}$$

3.2.2　流域土地利用景观类型变化

使用 1990—2023 年四期土地利用目视解译的分类信息，计算分析塔河干流各景观类型的面积，见表 3-5。

表 3-5   **塔里木河干流 1990—2023 年各景观类型面积及比例**

景观类型	1990 年		2000 年		2010 年		2023 年	
	面积（km²）	比例（%）	面积（km²）	比例（%）	面积（km²）	比例（%	面积（km²）	比例（%）
耕地	1349	4.0	1814	5.3	2655	7.8	3206	9.4
有林地	1467	4.3	2643	7.8	2343	6.9	2242	6.6
疏林地	1487	4.4	1968	5.8	1875	5.5	1813	5.3
高覆盖度草地	6705	19.7	6093	17.9	6080	17.8	5921	17.4
低覆盖度草地	10287	30.2	8197	24.1	7997	23.5	7874	23.1
河道	216	0.6	320	0.9	314	0.9	310	0.9
水体	482	1.4	475	1.4	521	1.5	547	1.6
居民地	58	0.2	50	0.1	58	0.2	61	0.2
未利用土地	12016	35.3	12507	36.7	12224	35.9	12093	35.5

可以发现，塔河上游植被覆盖度发生显著改善是由于该区域的有林地转化成了耕地；值得注意的是，塔河流域植被覆盖度情况发生明显改善的区域，与河道的弯曲流向较为一致，说明距离河道一定范围内的水力比降较大，地下水水位由高向低流动，岸边较近缓冲区内的地下水位回升有利于岸边植被的生长；塔河下游斑驳地出现有林地，近年来，疏林地和其他土地利用类型向有林地的转换，使得下游植被覆盖度微弱增长，同时为下游生态环境的恢复起到了积极作用。

3.2.3 流域土地利用景观指数变化

使用 Fragstats 软件，提取 9 种景观类型的斑块数及面积，除居民用地斑块数量发生减少外，其他 8 种景观的斑块数量都有所增多。其中，耕地的斑块数量在 1990—2023 年间由 68 个增至 287 个，增幅显著；20 世纪 90 年代以来，随着阿拉尔垦区人口的增长，人们开始逐步开垦耕地，这客观上使得流域内耕地斑块数量增加较快且破碎化程度很高。有林地和疏林地的斑块数目随着其景观面积的增加而增加，有林地斑块数目由 304 个增加到 391 个，疏林地斑块数目由 202 个增加到 312 个。高覆盖草地和低覆盖草地的面积均呈减少趋势，但是其斑块数目却有所增加，说明草地景观类型的地域分布是趋于离散化的，且在近 20 多年内，草地多呈现出随机散落分布的状态。

根据塔河干流 9 种景观类型的斑块数及面积，计算得到干流 1990—2023 年间 4 个代表年的各景观类型的景观格局指数，见表 3-6。耕地、有林地、居民地的分离度指数值不断减小，表明这些景观类型的分布是趋于集聚化的，这与耕地和居民地受人类活动影响较大有关；疏林地、高覆盖度草地、低覆盖度草地的分离度指数值逐步变大，看出此 3 种景观类型的分布呈现出分散化趋势。耕地、疏林地和高覆盖度草地的优势度指数逐时段变大，景观优势逐渐增强。未利用土地的分离度指数增大，优势度逐步降低，塔河干流发生生态风险的概率下降。

表 3-6　　　　　　　　　　塔里木河干流 1990—2023 年景观格局指数

景观类型	年份	C_i	N_i	D_i	E_i	F_i	R_i
耕地	1990	0.050	0.564	0.040	0.202	0.133	0.027
	2000	0.056	0.511	0.050	0.191	0.133	0.026
	2010	0.072	0.479	0.085	0.197	0.133	0.026
	2023	0.090	0.488	0.120	0.215	0.133	0.029
有林地	1990	0.207	1.097	0.180	0.469	0.089	0.042
	2000	0.136	0.663	0.180	0.303	0.089	0.027
	2010	0.163	0.770	0.172	0.347	0.089	0.031
	2023	0.174	0.814	0.163	0.364	0.089	0.032
疏林地	1990	0.136	0.882	0.119	0.356	0.111	0.040
	2000	0.141	0.782	0.139	0.333	0.111	0.037
	2010	0.160	0.853	0.135	0.363	0.111	0.040
	2023	0.172	0.899	0.130	0.382	0.111	0.042
高覆盖度草地	1990	0.032	0.202	0.128	0.102	0.156	0.016
	2000	0.043	0.244	0.130	0.121	0.156	0.019
	2010	0.050	0.264	0.136	0.131	0.156	0.020
	2023	0.056	0.284	0.139	0.141	0.156	0.022
低覆盖度草地	1990	0.038	0.177	0.231	0.118	0.178	0.021
	2000	0.047	0.221	0.192	0.128	0.178	0.023
	2010	0.050	0.231	0.181	0.131	0.178	0.023
	2023	0.052	0.238	0.172	0.132	0.178	0.023
河道	1990	0.245	3.110	0.031	1.062	0.067	0.071
	2000	0.409	3.301	0.065	1.208	0.067	0.081
	2010	0.414	3.351	0.058	1.224	0.067	0.082
	2023	0.413	3.368	0.053	1.228	0.067	0.082
水体	1990	0.220	1.971	0.063	0.714	0.044	0.032
	2000	0.251	2.119	0.059	0.773	0.044	0.034
	2010	0.267	2.088	0.062	0.772	0.044	0.034
	2023	0.269	2.046	0.061	0.760	0.044	0.034

续表

景观类型	年份	C_i	N_i	D_i	E_i	F_i	R_i
居民地	1990	0.793	10.792	0.027	3.639	0.022	0.081
	2000	0.800	11.673	0.020	3.906	0.022	0.087
	2010	0.707	10.188	0.018	3.414	0.022	0.076
	2023	0.705	9.921	0.018	3.332	0.022	0.074
未利用土地	1990	0.025	0.134	0.181	0.089	0.200	0.018
	2000	0.027	0.134	0.166	0.087	0.200	0.017
	2010	0.028	0.139	0.152	0.086	0.200	0.017
	2023	0.028	0.141	0.142	0.085	0.200	0.017

3.3　流域生态风险的时空演变研究

3.3.1　景观生态风险评价模型

1. 风险小区划分

为使塔里木河干流生态风险指数空间化，本节结合塔河干流流域的规模，将其划分成 5km×5km 的正方形单元网格，作为评价单元，也就是景观风险小区，共有 1592 个风险小区，计算各个风险小区的景观生态风险指数值，并根据生态风险指数分级标准进行重分类，得到了整个干流景观生态风险空间分布图。

2. 景观生态风险指数

景观生态风险指数（ERI_i）的表达式为

$$ERI_i = \sum_{i=1}^{N} \frac{A_{ki}}{A_k} R_i \tag{3.12}$$

式中，A_{ki} 为第 k 个风险小区的第 i 类景观面积；A_k 为第 k 个风险小区的面积；R_i 为第 i 类景观的景观损失度指数。

3.3.2　流域景观生态风险的时空演变

计算塔河干流各风险小区的景观生态风险指数，发现 1990 年 ERI 值在 0.0954~0.5937 之间，2000 年 ERI 值介于 0.0907~0.5823 之间，2010 年 ERI 值介于 0.0886~0.5883 之间，2023 年 ERI 值介于 0.1117~0.6545 之间。综合考虑塔河干流各生态风险小区 ERI 值的上下阈值，使用 ArcGIS 自带的自然断点法，经过不断调整，将干流景观生态风险划分为 5 个等级：低生态风险（0.08~0.1）、较低生态风险（0.1~0.27）、中生态风险

（0.27~0.43）、较高生态风险（0.43~0.59）和高生态风险（大于 0.59）。统计得到的 5 个
等级的塔河干流生态风险小区个数及其比例数据见表 3-7。

表 3-7　　　　　　　　　　　生态风险等级风险小区个数统计

生态风险等级	1990 年		2000 年		2010 年		2023 年	
	个数	比例（%）	个数	比例（%）	个数	比例（%）	个数	比例（%）
低	408	25.63	402	25.25	400	25.13	395	24.81
较低	234	14.70	237	14.89	222	13.94	224	14.07
中	351	22.05	341	21.42	281	17.65	251	15.77
较高	441	27.70	496	31.16	549	34.48	524	32.91
高	158	9.92	116	7.29	140	8.79	198	12.44

研究期间，低生态风险区个数由 1990 年的 408 个减少到 2023 年的 395 个，减少
0.8%；较低生态风险区个数由 234 个减少到 224 个；中生态风险区的个数下降显著，减
少多达 100 个风险小区，面积比例由 22.05%变为 15.77%；较高生态风险区个数由 441 个
增长到 524 个，增加 5.21%；高生态风险区的个数增加了 40 个且面积比例由 9.92%增加
到 12.44%。

3.3.3　流域景观格局生态风险的空间关联格局

1. 全局自相关分析

采用 Geodata 软件的空间统计工具，计算出塔河干流 1990 年、2000 年、2010 年和
2023 年的全局 Moran's I 指数，分别为 0.6591、0.6890、0.6997 和 0.7078。Moran's I 值均
是大于零的数值，说明塔里木河干流景观生态风险指数值的空间分布在整体上表现出正相
关性。塔河干流的全局 Moran's I 值整体上表现出增加的态势且 Moran's I 值逐渐变大表明
集聚程度逐步提高。

2. 局部自相关分析

对塔里木河干流 1990 年、2000 年、2010 年和 2023 年的景观生态风险指数值（ERI）
进行局部空间自相关分析。计算 ERI 的局部空间关联指标，更有利于了解 ERI 值的局部
空间聚集模式和规律。1990 年"高-高"值集聚区主要分布在上、中游右岸区域，究其原因
是塔里木河上游区域的人类活动较为频繁，主要的景观类型是耕地，而耕地与林地、耕地
与居民地之间的相互转移较为容易发生，导致区域脆弱度加大，景观生态风险呈现不断增
大的趋势。2000 年以后，塔河中游"高-高"值集聚区发生左偏且高生态风险的区域面积不
断增大。"低-低"值集聚区主要分布在中、下游的右岸，景观类型单一，大都是未利用土

地，因为未利用土地的改变最为不易，其景观生态风险性较低；"低-低"值集聚区和未利用土地区的对应性较为明显。其余地区表现为不显著，观察其对应景观类型，大都是低覆盖草地和高覆盖草地两种景观类型。

3.4 本章小结

本章首先分析了塔里木河干流 2000—2023 年生长季植被覆盖的时空变化格局，重点针对其变化驱动影响因子进行了探讨；随后，基于四期土地利用资料，构建了适用于塔河干流流域的景观综合指数，揭示了干流景观生态风险的时空演变特征并探明了其空间关联格局情况，得出如下主要结论：

(1)2000—2023 年，塔里木河干流地区植被覆盖度呈现波动增长且整体的增速约为 0.041/10 年，分布存在明显的空间差异性；上中游段植被覆盖度的变化与绿洲农业区面积比例变化的趋势具有高度的一致性。生长期植被覆盖度的年际增幅上游最大，中游次之，下游最小。

(2)2000—2023 年，塔里木河干流植被覆盖度发生改善的区域比退化区域面积更大，区域内植被覆盖度变化类型多样，其中，基本不变、中度改善、中度退化和明显改善 4 种类型的面积最大，分别占干流总面积的 66.84%、20.36%、6.03% 和 5.56%。干流植被覆盖情况在整体上呈现正相关性且"高-高"集聚区大都处在塔河的上游区域，而"低-低"集聚区大都分布在下游。

(3)塔里木河流域属极端干旱沙漠气候区，故降水对植被生长的作用可忽略不计，干流天然植被分布主要受地表径流的影响。塔里木河上、中游段植被覆盖度和河水漫溢天数紧密相关，两者变化幅度较为一致，且植被生长状态的改变基本滞后于河道漫溢天数变化 2~3 年。生态输水是促进下游植被生长的重要因素，植被覆盖度受当年生态输水累积量的影响较大且通过了置信度 99% 的显著性检验。

(4)塔里木河干流景观生态风险指数结果显示，低生态风险区所占比例由 1990 年的 25.63% 下降到 2023 年的 24.81%，高生态风险区所占比例由 9.92% 增加到 12.44%。塔里木河干流景观生态风险分布的集聚现象显著，全局 Moran's I 值呈上升趋势，集聚程度逐步提高。"高-高"值集聚区多分布在上游右岸，"低-低"值集聚区多分布在景观类型单一的下游右岸，大都是未利用土地。

第4章　塔里木河流域绿洲演变规律与用水量核定

绿洲是干旱、半干旱地区所特有的生态地貌单元，干旱区人类主要的生产生活活动都集中在绿洲。绿洲在漫长演变过程中受到了许多因素的影响，包括大自然千万年的演变和人类长期的活动。在干旱地区，制约区域可持续发展和生态环境稳定的关键是水，人类社会能否和谐发展、生态环境将如何演变都与水的供给程度息息相关。干旱区水资源研究一直是国内外水资源研究问题中关注的重点。因为干旱地区的经济发展和社会建设与水资源息息相关。干旱区生态系统较为脆弱，缺水问题将进一步导致其趋于退化，严重威胁到干旱区未来的发展。

随着干旱区社会人口的持续增加和社会经济的不断发展，绿洲下垫面也发生了巨大的变化。人类为了生产生活而进行的长期性或周期性的经营或经济活动，明显改变了绿洲土地自然生态系统的利用方式及利用状况，比如发展农村地区造成耕地面积大幅度增加，城镇建设过程中又大面积建造楼房大厦，铺设水泥地面，致使林草地面积锐减，城乡居民用地剧增。绿洲规模变动的根本要素是水，而人类活动对绿洲的演变形式起到了关键的作用，由最初的适应，转变为使用，再到改造，人类活动对绿洲的影响程度逐渐加深。人类对绿洲的开发活动不仅改变了水资源的时空分配情况，而且扩大了人工绿洲的规模，但同时也对绿洲造成了许多长久性的伤害。绿洲不是无限的，在特定的人类活动条件下，水资源总量决定了绿洲的规模。

塔里木河流域生态安全与生态综合治理以水过程为主线，以水资源合理控制和有效利用为核心，其关键点在于水土资源开发过程中生态与经济的矛盾冲突。塔里木河流域的水资源不仅要承载沿线绿洲的经济发展，而且要承载脆弱的生态环境，协调流域上、中、下游的社会发展，确定适宜生态规模并进行水量的控制研究是塔河流域生态综合治理的关键。

4.1　绿洲演变特征

4.1.1　数据来源及计算方法

1. 数据来源

本节采用的土地利用类型数据（LUCC）来源于中国科学院资源环境科学数据中心（http://www.resdc.cn/Default.aspx）提供的中国土地利用遥感监测数据，涵盖 2000、2010 及 2023 三期，空间分辨率为 1km，并参照国内的 LUCC 分类体系对各类土地利用要素进行分类提取。相关统计数据源自新疆维吾尔自治区塔里木河流域管理局编制的《新疆塔里木河流域综合规划》。

2. 计算方法

1)人工绿洲和天然绿洲的定义

绿洲系统是一个客观存在的复杂的耗散结构体系,是内陆干旱区三大地理系统(山地、荒漠、绿洲)之一,一般由自然、社会和经济子系统组成,这个系统的本质特征可概括为复杂性、高效性、维水性、开放性、脆弱性,其基本特征是具有较高的能量转换效率。由此看来,绿洲的共同特征有以下几点:

(1)荒漠背景:绿洲存在于干旱或半干旱荒漠背景之中,为大尺度干旱背景下的小尺度景观。

(2)稳定水源:绿洲形成条件有几种情况,一是具有稳定、充足的天然径流;二是地下水位较高;三是具备人工灌溉设施,灌水充盈。

(3)植被茂盛:绿色植被是绿洲的基本特色或基本生命体,不同绿洲类型会呈现出不同的非地带性植被景观。一般认为植被应该稠密或茂盛,具有较高产出量或第一性生产力。

(4)地面平坦:绿洲发育的地区地形平坦。

(5)土壤肥沃:绿洲又被称为“沃洲”或“沃野”,是荒漠中肥沃的土地。

(6)适合人类居住:英文中绿洲的原始含义能表达“住”和“喝”,即具备起码的生存条件,可供人们暂时或长期居住。

(7)高效产出:绿洲具有旺盛的生产力。

(8)生态特性:绿洲一般应构成独特的生态地理系统,或自然生态系统(天然绿洲),或人工生态系统(自然-人工复合生态系统)。

已有的研究中按人类活动绿洲经常被分为天然绿洲和人工绿洲加以解释。天然绿洲是最早的,基本没有受到人类干扰的,保持天然的植被群落与地表景观的绿洲类型;人工绿洲是人类在天然绿洲的基础上,人为地开发绿洲资源而形成的具有一定的社会经济结构体系的绿洲类型。干旱地区天然绿洲的存在,为干旱区人类的祖先提供了最原始的栖息场所与生存条件;随着时间的推移,天然绿洲在不同程度上为人类所利用和改造,受到人类社会经济和生产活动影响,形成了大规模的人工绿洲。人工绿洲的存在有助于为干旱区进一步创造社会经济财富,同时给原先的自然环境、资源结构和地表景观等地理过程带来了一定的改变。

在充分了解绿洲定义的基础之上,结合绿洲的特征,按照大地貌类型,将流域分为山区、平原和荒漠3部分,在平原地区,采用塔里木河流域2000年、2010年和2023年土地利用/覆被变化数据,参照中国科学院土地利用分级系统,将各土地利用类型进行分类划分,分为人工绿洲和天然绿洲(如表4-1所示)。

表 4-1 　　　　　　　　　　　　　　　　**绿洲类型及划分**

绿洲类型	土地利用类型		含　义
天然绿洲	林地	有林地	指郁闭度>30%的天然林和人工林。包括用材林、经济林、防护林等成片林地
		灌木林	指郁闭度>40%、高度在2m以下的矮林地和灌丛林地
		疏林地	指林木郁闭度为10%～30%的林地
	草地	高覆盖度草地	指覆盖>50%的天然草地、改良草地和割草地。此类草地一般水分条件较好，草被生长茂密
		中覆盖度草地	指覆盖度在>20%～50%的天然草地和改良草地，此类草地一般水分不足，草被较稀疏
		低覆盖度草地	指覆盖度在5%～20%的天然草地。此类草地水分缺乏，草被稀疏，牧业利用条件差
	水域湿地	河流	指天然形成的河流及主干渠常年水位以下的土地
		湖泊	指天然形成的积水区常年水位以下的土地
		滩地	指河、湖水域平水期水位与洪水期水位之间的土地
人工绿洲	耕地	水田	指种植农作物的土地
		旱地	指种植农作物的土地
	林地	其他林地	包括果园、桑园、茶园等在内的其他林地
	建筑用地	城镇用地	指大、中、小城市及县镇以上建成区用地
		农村居民点	指独立于城镇以外的农村居民点
		其他建设用地	指厂矿、大型工业区、油田、盐场、采石场等用地以及交通道路、机场及特殊用地
	水域湿地	水库坑塘	指人工修建的蓄水区常年水位以下的土地

2）土地利用的叠加方法

多层数据的叠加能够生成新的空间关系和属性特征关系，这有利于数据间的差异、联系等变化的分析。基于矢量数据和矢量-栅格数据的叠加，利用 ArcGIS 中空间叠加功能对 2000 年、2010 年和 2023 年 3 期的土地利用数据进行叠加处理。在叠加分析过程中，存在合并、相交、相减等叠加处理方式，一般相交处理后会得到处于相同矢量位置的不同时期土地利用覆盖数据。

3）土地利用状态转移矩阵

土地利用类型的转移情况可用马尔科夫状态转移矩阵定量表征，其状态矩阵表达为

$$Z = \begin{pmatrix} AA_{ij}^{i} & AB_{ij}^{j} & \cdots & AM_{ij}^{j} & AN_{ij}^{j} \\ BA_{ij}^{j} & BB_{ij}^{i} & \cdots & BM_{ij}^{j} & BN_{ij}^{j} \\ \vdots & \vdots & & \vdots & \vdots \\ MA_{ij}^{j} & MB_{ij}^{j} & \cdots & MM_{ij}^{i} & MN_{ij}^{j} \\ NA_{ij}^{j} & NB_{ij}^{j} & \cdots & NM_{ij}^{j} & NN_{ij}^{i} \end{pmatrix} \tag{4.1}$$

式中，Z 为状态转移矩阵；A，B，$\cdots$，M，N 为不同的土地利用类型；A^i，B^i，$\cdots$，M^i，N^i 为 i 时不同土地利用类型的面积；A^j，B^j，$\cdots$，M^j，N^j 为 j 时不同土地利用类型的面积。此外，AB_{ij}^{j}，$\cdots$，AM_{ij}^{j}，AN_{ij}^{j}，BA_{ij}^{j}，$\cdots$，BM_{ij}^{j}，BN_{ij}^{j}，MA_{ij}^{j}，MB_{ij}^{j}，$\cdots$，MN_{ij}^{j}，NA_{ij}^{j}，NB_{ij}^{j}，$\cdots$，NM_{ij}^{j} 分别为 i—j 时段内不同土地利用类型相互转换的面积；AA_{ij}^{i}，BB_{ij}^{i}，$\cdots$，MM_{ij}^{i}，NN_{ij}^{i} 分别为 i—j 时段不同土地利用类型没有发生变化的面积。

4.1.2 绿洲的空间格局与动态变化

1. 绿洲面积总体时空变化特征

依据表 4-1 对天然绿洲与人工绿洲的划分，天然绿洲包括平原区域的天然河岸林、天然灌木林以及低地盐化草甸等三类景观，人工绿洲景观包括区域内人工经营的一切土地类型，主要为耕地、园地、人工林地、人工草地、居民与工矿用地、交通用地以及渠道等。因此，在绿洲提取的过程中将耕地、人工林地、建设用地、水库、湖泊、人工渠系提取为人工绿洲，将人工绿洲周边的草地、天然林、沼泽、滩涂湿地提取为天然绿洲。塔里木河流域"四源一干" 2000—2023 年绿洲面积变化见表 4-2。2000—2023 年，塔里木河流域人工绿洲面积整体呈现显著增加的趋势，分别约占整个流域面积的 3.36%、3.87%、4.52%，占比的平均增长率每年约为 2.3%。天然绿洲面积在 2000—2023 年表现为逐渐下降的趋势，占比由 2000 年的 31.72% 下降到 2023 年的 30.96%。由于流域位于塔里木盆地内，未利用土地面积大，超过 60 万 km²，约占整个流域面积的 64.7%，所以人工绿洲每年的平均增长面积也是非常可观的，同时天然绿洲每年下降的面积也不容忽视。综上，流域绿洲总面积呈现不断增加的趋势，土地利用化程度上升。空间分布上，人工绿洲增加的区域主要沿流域水系分布，其中孔雀河附近人工绿洲增加的面积较大，一定程度上得益于 2000 年之后生态输水的影响。

表 4-2 统计了塔里木河各支流域 2000—2023 年人工绿洲与天然绿洲面积

表 4-2　　　　**2000—2023 年塔里木河各支流域绿洲面积变化**　　　　（单位：km²）

流　域		2000 年	2010 年	2023 年
人工绿洲	塔里木河干流	2405.709	3205.157	3742.931
	阿克苏河流域	5228.060	6192.206	6802.409
	开都河—孔雀河流域	3490.766	4306.138	5187.730
	叶尔羌河流域	7198.503	7876.637	8380.072

流　　域		2000 年	2010 年	2023 年
人工绿洲	和田河流域	2298.670	2565.646	2999.660
	其他区域	10252.870	11506.616	14692.507
	总计	30874.577	35652.399	41805.308
天然绿洲	塔里木河干流	6904.917	6465.643	6267.657
	阿克苏河流域	954.905	845.661	771.000
	开都河—孔雀河流域	3983.158	3735.206	3649.218
	叶尔羌河流域	2131.919	1999.743	1923.418
	和田河流域	1667.205	1616.169	1587.368
	其他区域	7156.270	6909.627	6771.270
	总计	22798.374	21572.049	20969.930

2. 土地利用类型面积变化特征

结合塔里木河流域 2000—2023 年共 3 期土地利用数据,对天然绿洲和人工绿洲进一步细分,得到流域这些时期的土地利用的状况(表 4-3):2000—2023 年,除大面积的未利用土地(占比 64.5%以上),草地(高覆盖度草地、中覆盖度草地、低覆盖度草地)是塔里木河流域分布面积最广的土地利用类型,在 3 期土地利用类型中比例都高达 26.3%。其他土地利用类型在近 23 年里也有各自的变化特征:面积有明显趋势的是耕地和建筑用地,耕地 3 期占流域总面积的比重分别是 2.90%、3.41%、4.01%,占比平均增加率约 25.5%/10 年,2023 年耕地面积达 37172.14km^2,而建筑面积占比分别是 0.15%、0.18%、0.24%,占比平均增加率高达 40%/10 年,建设用地增加显著,2023 年面积约为 2236.71km^2;天然林地面积在研究期间逐渐减少,平均减少 6%/10 年,2023 年天然林地面积为 12278.39km^2,而人工绿洲的经济林地缓慢增加,面积平均占比 0.05%,2010 年达到最大面积占比 0.06%,约为 510.93km^2;水域面积呈现下降趋势,尤其是人工修建的水库、河渠,面积占比由 2000 年的 0.27%降至 2023 年的 0.21%。再次划分草地和林地发现,2000—2023 年灌木林有着显著的下降趋势,面积占比下降 7.8%/10 年;高、中、低覆盖度草地面积都呈下降趋势,土地退化现象明显。综上,增加的土地利用类型为建筑用地、耕地及经济林地等人工土地利用,减少的为天然林地、草地和水域等天然土地利用类型,说明流域的发展依赖人工绿洲面积的扩大,但发展的同时出现了显著的土地退化现象。

表 4-3   **2000—2023 年塔里木河流域不同土地利用类型面积比例**

土地利用类型	2000 年		2010 年		2023 年	
	面积（km²）	比例（%）	面积（km²）	比例（%）	面积（km²）	比例（%）
建筑用地	1436.81	0.15	1697.78	0.18	2236.71	0.24
耕地	26904.48	2.90	31654.86	3.41	37172.14	4.01
水库、河渠	2475.68	0.27	2019.74	0.22	1992.74	0.21
其他林地	381.95	0.04	510.93	0.06	506.93	0.05
高覆盖度草地	44742.15	4.82	44376.19	4.78	44139.22	4.76
中覆盖度草地	60194.12	6.49	59323.24	6.39	58238.38	6.28
低覆盖度草地	144966.03	15.63	143771.19	15.50	141746.45	15.28
林地	13455.24	1.45	12683.34	1.37	12278.39	1.32
河流、湖泊	30900.96	3.33	30850.96	3.33	30867.96	3.33
未利用土地	602291.19	64.92	600860.37	64.76	598569.67	64.52

4.1.3 绿洲土地利用转移分析

运用土地动态分析，基于 2000 年、2010 年和 2023 年 3 期的 LUCC 数据，发现天然绿洲转化成人工绿洲的情况较为普遍，且多沿河流分布，河流汇合处转化得最多，分布在喀什地区、阿克苏地区及巴州东北地区。以巴州的若羌地区为例，发现绿洲和未利用土地之间的转化存在一个循环怪圈：为恢复生态环境，外围人工绿洲转变成天然绿洲，又考虑到经济发展，里面一层开发天然绿洲变成人工绿洲，然而土地过度利用导致再里面一层绿洲退化成荒漠，被迫开垦未利用土地，最里层的未利用土地开发成人工绿洲。这种反复的天然变人工，人工绿洲变荒漠，再开发未利用成为人工绿洲，形成土地退化的恶性循环，进一步造成生态脆弱性在空间分布上差异性增加。

4.2 绿洲用水量核定

4.2.1 绿洲经济社会主要发展指标

1. 阿克苏河流域

流域灌区灌溉面积 597.86 万亩(不含台兰河灌区，下同)，其中地方 338.12 万亩，兵团农一师 259.74 万亩。流域灌区按在流域水系上的分布，可划分为库玛拉克河灌区、托什干河灌区、阿克苏老大河灌区和阿克苏新大河灌区四大灌区，灌溉面积分别为 116.34 万亩、69.19 万亩、222.34 万亩、189.99 万亩。为了便于明确沿河各渠首控制灌区的引水、退水和工程实施后的节水情况，四大灌区进一步划分为 19 个单元灌区，各灌区灌溉面积见表4-4，各灌区种植结构见表4-5。

表4-4 　　　　　　　　　　阿克苏河流域各灌区灌溉面积 　　　　　　（单位：万亩）

流域水系	托什干河					库玛拉克河						
单元灌区	合计	跃进	秋格尔	联合渠	阿热勒	合计	协合拉	革命大渠	恰克拉克	多浪	四团	六团
灌溉面积	69.19	7	30.2	18	13.99	116.34	4.76	23.62	11.25	53.21	13.1	10.4
隶属县（市、团）		乌什	乌什	乌什	温宿		温宿	温宿	温宿	温宿	农一师	农一师

流域水系	阿克苏老大河								阿克苏新大河	总计	备注
单元灌区	合计	东岸大渠	阿依库勒	玉满	拜什艾日克	英艾日克	丰收	沙井子	多浪	塔里木	
灌溉面积	222.34	23.02	18.78	57.12	17.65	14.14	30.18	56.65	4.8	189.99	597.86	阿克苏灌区15，农一师灌区4。
隶属县（市、团）		阿克苏市	阿克苏市	阿瓦提	阿瓦提	阿瓦提	阿瓦提	农一师	阿克苏柯坪	农一师7—16团		

注：数据出自《塔里木河工程与非工程措施五年实施方案》。

表4-5 　　　　　　　　　　　阿克苏河流域各灌区种植结构

灌区	小麦（%）	玉米（%）	水稻（%）	经济林（%）	生态林（%）	草地（%）	棉花（%）	油菜（%）	甜瓜菜（%）	其他作物（%）	合计（100%）
跃进	48.13	5.30	0	16.12	0	0	25.44	4.03	0.98	0	100
秋格尔	25.74	10.03	4.14	13.3	0	0	35.53	2.13	7.83	1.30	100
联合渠	41.55	7.61	4.17	5.37	0	0	31.18	1.04	7.92	1.16	100
阿热勒	38.53	2.80	10.56	4.96	10.00	0	30.7	1.47	0	0.98	100
协合拉	31.21	8.21	5.44	23.31	21.46	0	8.21	0	0	2.16	100
革命大渠	5.85	0.40	37.71	51.65	0	0	3.21	0	0.62	0.56	100
恰克拉克	21.90	2.96	8.42	11.61	15.12	0	37.41	0.16	0.47	1.95	100
多浪	8.36	0	3.72	28.45	1.48	0	47.40	0	4.14	6.45	100
四团	26.88	33.69	0	15.50	5.82	0	0	0.45	9.32	8.34	100
六团	0	0	0.93	27.88	41.64	0	22.52	0	1.42	5.61	100
东岸大渠	17.09	0	0.91	25.37	0	0	39.90	0	7.67	9.06	100

灌区	小麦（%）	玉米（%）	水稻（%）	经济林（%）	生态林（%）	草地（%）	棉花（%）	油菜（%）	甜瓜菜（%）	其他作物（%）	合计（100%）
阿依库勒	17.09	0	0.91	25.37	0	0	39.90	0	7.67	9.06	100
玉满	10.15	0.07	0	25.03	0	0	62.90	0.05	1.40	0.40	100
拜什艾日克	10.15	0.07	0	25.03	0	0	62.90	0.05	1.40	0.40	100
英艾日克	10.15	0.07	0	25.03	0	0	62.90	0.05	1.40	0.40	100
丰收	10.15	0.07	0	25.03	0	0	62.90	0.05	1.40	0.40	100
沙井子	0.62	3.56	7.04	15.28	15.74	0	49.20	0	5.60	2.96	100
多浪	0	0	0	24.71	0	0	75.29	0	0	0	100
塔里木	1.22	2.38	2.89	23.03	6.07	0	54.41	0	2.33	7.67	100

阿克苏河流域常规灌溉水利用系数为 0.441，滴灌水利用系数为 0.669，各作物的灌溉净定额与毛定额统计见表 4-6，各作物的灌溉制度统计见表 4-7。

表 4-6　　　　　　　　　　阿克苏河流域各作物灌溉定额

作　物	常　规　灌　溉			滴　灌		
	净定额（m³/亩）	灌溉水利用系数	毛定额（m³/亩）	净定额（m³/亩）	灌溉水利用系数	毛定额（m³/亩）
小麦	365	0.441	828	329	0.669	492
玉米	365	0.441	828	329	0.669	492
水稻	551	0.441	1250	—	0.669	—
经济林	296	0.441	671	266	0.669	398
人工植被	296	0.441	671	266	0.669	398
草地	211	0.441	478	190	0.669	284
棉花	320	0.441	726	260	0.669	389
油菜	290	0.441	658	290	0.669	433
甜瓜菜	420	0.441	952	420	0.669	628
其他作物	300	0.441	680	300	0.669	448

表 4-7　　　　　　　　　　　阿克苏河流域各作物灌溉制度

作　物	月　份											
	7	8	9	10	11	12	1	2	3	4	5	6
小麦(%)	0	0	20	8	8	0	0	0	0	25	22	17
玉米(%)	18	18	0	0	0	0	0	0	13	13	20	18
水稻(%)	17	23	6	0	0	0	0	0	0	8	25	21
经济林(%)	20	0	20	9	9	0	0	0	22	0	20	0
人工植被(%)	20	10	10	10	10	0	0	0	20	0	7	13
草地(%)	20	0	20	10	7	0	0	0	10	10	0	23
棉花(%)	28	30	12	0	0	0	0	0	20	0	0	10
油菜(%)	24	0	0	0	0	0	0	0	28	0	24	24
甜瓜菜(%)	14	14	14	0	0	0	0	0	21	0	25	12
其他作物(%)	25	0	25	0	0	0	0	0	12	13	16	9

2. 塔里木河干流流域

塔里木河干流区灌区灌溉面积 97.07 万亩,其中地方 56.57 万亩、兵团农二师 40.50 万亩。流域灌区按在流域水系上的分布,可划分为塔里木河干流上游灌区、塔里木河干流中游灌区和塔里木河干流下游灌区三大灌区,灌溉面积分别为 25.77 万亩、30.80 万亩、40.50 万亩。为了便于明确沿河各渠首控制灌区的引水、退水和工程实施后的节水情况,三大灌区进一步划分为 9 个单元灌区,各灌区灌溉面积统计见表 4-8,各灌区种植结构统计见表 4-9。

表 4-8　　　　　　　　　　塔里木河干流区各灌区灌溉面积

流域水系	单元灌区	灌溉面积(万亩)	隶属县(市、团)
塔里木河干流 上游河段	塔里木河干流上游灌区	7.57	沙雅县、库车市
	大寨水库灌区	6.50	沙雅县
	帕满水库灌区	6.50	沙雅县、库车市
	其满水库灌区	2.70	沙雅县
	结然力克水库灌区	2.50	沙雅县
	小计	25.77	
塔里木河干流 中游河段	塔里木河干流中游灌区	23.80	轮台县、尉犁县、库尔勒市
	塔里木水库灌区	5.50	尉犁县
	喀尔曲尕水库灌区	1.50	尉犁县
	小计	30.80	

流域水系	单元灌区	灌溉面积(万亩)	隶属县(市、团)
塔里木河干流 下游河段	塔里木河干流下游灌区	40.50	农二师
	小计	40.50	
合计		97.07	

注：数据出自《塔里木河工程与非工程措施五年实施方案》。

表 4-9　　　　　　　　　　　塔里木河干流区各灌区种植结构

作物	塔里木河上游	大寨水库	帕满水库	其满水库	结然力克水库	塔里木河中游	塔里木水库	喀尔曲尕水库	塔里木河下游
小麦(%)	4	4	4	4	4	10	10	10	1
玉米(%)	6	6	6	6	6	5	5	5	0
水稻(%)	0	0	0	0	0	0	0	0	0
经济林(%)	2	2	2	2	2	10	10	10	17
人工植被(%)	10	10	10	10	10	15	15	15	17
草地(%)	0	0	0	0	0	10	10	10	6
棉花(%)	64	64	64	64	64	40	40	40	58
油菜(%)	0	0	0	0	0	0	0	0	0
甜瓜菜(%)	0	0	0	0	0	0	0	0	0
其他作物(%)	14	14	14	14	14	10	10	10	1
合计(%)	100	100	100	100	100	100	100	100	100

塔里木河干流区常规灌溉水利用系数为 0.426，滴灌水利用系数为 0.640，各作物的灌溉净定额与毛定额统计见表 4-10，各作物的灌溉制度统计见表 4-11。

表 4-10　　　　　　　　　　塔里木河干流区各作物灌溉定额

作物	常 规 灌 溉			滴 灌		
	净定额(m³/亩)	灌溉水利用系数	毛定额(m³/亩)	净定额(m³/亩)	灌溉水利用系数	毛定额(m³/亩)
小麦	361	0.426	847	325	0.640	508
玉米	361	0.426	847	325	0.640	508

续表

作物	常 规 灌 溉			滴　灌		
	净定额 （m³/亩）	灌溉水利 用系数	毛定额 （m³/亩）	净定额 （m³/亩）	灌溉水利 用系数	毛定额 （m³/亩）
水稻	—	0.426	—	—	0.640	—
经济林	301	0.426	706	271	0.640	423
人工植被	301	0.426	706	271	0.640	423
草地	211	0.426	495	190	0.640	297
棉花	320	0.426	751	260	0.640	406
油菜	290	0.426	681	290	0.640	453
甜瓜菜	380	0.426	892	380	0.640	594
其他作物	340	0.426	798	340	0.640	531

表 4-11　　　　　　　　　　　塔里木河干流区各作物灌溉制度

作物	月　份											
	7	8	9	10	11	12	1	2	3	4	5	6
小麦(%)	0	0	28	18	0	0	0	0	0	27	18	9
玉米(%)	40	20	0	0	0	0	0	0	0	0	10	30
经济林(%)	0	22	8	12	16	0	0	0	20	0	14	8
人工植被(%)	16	16	14	0	22	0	0	0	16	0	16	0
草地(%)	17	17	17	0	22	0	0	0	0	17	0	10
棉花(%)	25	25	0	0	28	0	0	0	11	0	0	11
油菜(%)	24	0	0	0	0	0	0	0	28	0	24	24
甜瓜菜(%)	20	30	12	0	0	0	0	0	18	0	0	20
其他作物(%)	21	10	11	0	0	0	0	0	18	15	17	8

3. 叶尔羌河流域

叶尔羌河流域灌区面积与灌溉制度表见表 4-12 和表 4-13。

表4-12　　　　　　　　　叶尔羌河流域各灌区各用水单位的面积　　　　　　　　（单位：万亩）

类 型		叶城灌区		泽普灌区		莎车灌区		麦盖提灌区		巴楚灌区		岳普湖灌区		前海灌区	
		面积	比例（%）	面积	比例（%）	面积	比例（%）	面积	比例（%）	面积	比例（%）	面积	比例（%）	面积	比例（%）
农业	粮食类	水稻	0	0	0.4	0.58	0.3	0.14	0	0	0	0	0	0	0	0
		小麦	31	28.03	18.6	26.92	59.2	27.66	23	22.96	27	21.81	2.02	16.93	13	10.51
		玉米	3	2.71	1.5	2.17	5	2.34	2	2	1.82	1.47	0.3	2.51	6.75	5.46
		小计	34	30.74	20.5	29.67	64.5	30.13	25	24.95	28.82	23.28	2.32	19.45	19.75	15.96
	复播	水稻	1	0.9	1	1.45	1.42	0.66	0	0	0	0	0	0	0	0
		玉米	20	18.08	12	17.37	45	21.02	15	14.97	17	13.73	1.2	10.06	8.7	7.03
		豆类	2.5	2.26	1.5	2.17	3	1.4	2.5	2.5	3.5	2.83	0.55	4.61	2.5	2.02
		小计	23.5	21.25	14.5	20.98	49.42	23.09	17.5	17.47	20.5	16.65	1.75	14.67	11.2	9.05
	经济类	棉花	40	36.17	25	36.18	74.14	34.64	40.3	40.22	55.3	44.67	5.81	48.7	62.73	50.71
		油料	1.4	1.27	0.5	0.72	2	0.93	1	1	1.5	1.21	0.15	1.26	1.2	0.97
		其他	1	0.9	0.5	0.72	4	1.87	0.6	0.6	1.5	1.21	0.1	0.84	0	0
		瓜菜	6	5.42	4	5.79	8.5	3.97	4	3.99	5	4.04	0.5	4.19	7.5	6.06
		小计	48.4	43.76	30	43.42	88.64	41.41	45.9	45.81	63.3	51.13	6.56	54.99	71.43	57.74
	合计（不含复播）		82.4	74.5	50.5	73.08	153.14	71.54	70.9	70.76	92.12	7.41	8.88	74.43	91.18	73.7
林业	经济林		11.83	10.7	7.05	10.2	14	6.54	4.49	4.48	3.98	3.21	0.7	5.87	10.48	8.47
	防护林		8.73	7.89	7.51	10.87	24.07	11.25	7.92	7.9	7.89	6.37	0.6	5.03	10.91	8.82
	其他林		5.64	5.1	3.24	4.69	17.54	8.19	15.39	15.36	15.01	12.12	0.75	6.29	6.54	5.29
	小计		26.2	23.69	17.8	25.76	55.61	25.98	27.8	27.74	26.88	21.71	2.05	17.18	27.93	22.58
牧业	苜蓿		2	1.81	0.8	1.16	5.3	2.48	1.5	1.5	4.8	3.88	1	8.38	4.6	3.72
	草场		0	0	0	0	0	0	0	0	0	0	0	0	0	0
总计（不含复播）			110.6	100	69.1	100	214.05	100	100.2	100	123.8	100	11.93	100	123.71	100

表4-13　　　　　　　　叶尔羌河流域各灌区各用水单位净灌溉定额　　　　　　　（单位：m³/亩）

类 型			叶城灌区	泽普灌区	莎车灌区	麦盖提灌区	巴楚灌区	岳普湖灌区	前海灌区
农业	粮食类	水稻	730	730	730	730	730	730	730
		小麦	335	365	335	335	335	335	335
		玉米	375	370	375	375	375	375	375

续表

类　型			叶城灌区	泽普灌区	莎车灌区	麦盖提灌区	巴楚灌区	岳普湖灌区	前海灌区
农业	复播	水稻	584	615	584	615	615	615	615
		玉米	285	280	285	285	285	285	285
		豆类	245	230	245	245	245	245	245
	经济类	棉花	320	319	320	320	320	320	320
		油料	265	260	265	211	265	265	265
		其他	335	345	335	285	335	335	335
		瓜菜	513	460	513	643	460	460	460
林业		经济林	244	248	244	319	300	300	300
		防护林	200	200	200	247	200	200	200
		其他林	160	160	160	142	160	160	160
牧业		苜蓿	250	250	250	220	250	250	250
		草场	80	80	80	80	80	80	80

4. 和田河流域

和田河流域大农业构成及灌区灌溉制度见表 4-14 和表 4-15。

表 4-14　　　　　　　　　　　　和田河流域大农业结构表

项　目			种植面积
种植业	粮食作物(万亩)		84.53
	经济作物(万亩)		26.32
	粮经比		3.21
大农业	种植业	面积(万亩)	110.84
		比例(%)	46.18
	林业	面积(万亩)	67.25
		比例(%)	28.02
	牧业	面积(万亩)	61.92
		比例(%)	25.80
	面积合计(万亩)		240.01

表 4-15 和田河流域各分区灌溉水利用系数

项目		墨玉县	和田县喀河区	和田县玉河区	和田市区	洛浦县	均值
常规灌溉水利系数	η 渠系	0.575	0.593	0.555	0.576	0.544	0.568
	η 田间	0.886	0.886	0.886	0.886	0.886	0.886
	η 灌溉	0.508	0.526	0.495	0.510	0.484	0.505
高效节水灌溉水利系数	η 渠系	0.209	0.216	0.202	0.210	0.198	0.207
	η 田间	0.322	0.322	0.322	0.322	0.322	0.322
	η 灌溉	0.185	0.191	0.180	0.185	0.176	0.183

4.2.2 绿洲生产生活用水分析

1. 阿克苏河流域和塔里木河干流流域

由作物的种植面积与灌溉毛定额计算该作物的用水量，阿克苏河流域与塔里木河干流区各生产作物的用水量见表 4-16。

表 4-16 塔里木河流域研究区各生产作物用水量 （单位：亿 m³）

水资源分区	小麦	玉米	水稻	经济林	人工植被	草地	棉花	油菜	甜瓜菜	其他作物	合计
阿克苏河流域	4.90	1.41	3.19	9.09	2.04	0.00	20.46	0.10	1.91	1.82	44.92
塔里木河干流区	0.38	0.26	0.00	0.74	0.99	0.27	3.93	0.00	0.00	0.57	7.14

2. 叶尔羌河流域

1）生活用水

叶尔羌河流域生活用水包括城镇生活用水和农村生活用水两项。生活用水采用人均日用水量计算。参照全国城镇、农村居民生活用水定额及本流域的实际情况，现状年的城镇、农村生活用水定额分别为每天 150L/人、每天 70L/人。用水定额包括城镇公共设施及环境绿化用水——这在干旱地区是十分重要的。乡村绿化用水计入林业灌溉用水。

叶尔羌河流域城乡生活用水主要是抽取地下水，用水损失很小，根据综合考虑，确定生活用水利用系数为 0.98。城乡生活用水量结果见表 4-17。

表 4-17　　　　　　　　叶尔羌河流域现状年其他各类用水量　　　　（单位：万 m³）

用水量		叶城	泽普	莎车	麦盖提	巴楚	岳普湖	前海	总计
生活	净用水	1954.5	907.5	5286	1075.5	2148	945	469.5	12786
	毛用水	1994.4	926.1	5393.9	1097.4	2191.8	964.3	479.1	13047
工业	净用水	1967.4	921.7	1025.2	646.1	944.9	940.9	243.7	6689.9
	毛用水	2007.6	940.5	1046.2	659.2	964.3	960.2	248.7	6826.7
牲畜	净用水	707.86	240.3	690.61	359.33	352.48	22.72	275.72	2649.02
	毛用水	1387.96	471.18	1354.149	704.55	691.14	44.55	540.63	5194.159
渔业	净用水	355.06	173.2	4284.66	43.11	103.46	129.32	1879.38	6968.19
	毛用水	546.246	265.263	6591.785	66.323	159.169	198.954	2891.354	10719.094

注：各类毛用水为折至斗口水量。

2）工业用水

工业用水按照万元产值取水量计算。本流域工业基础较为薄弱，技术水平低，工业用水定额比国内其他地区高。工业的万元产值用水定额为 200 m³。

叶尔羌河流域工业用水主要为地下水，输水损失很少，故考虑工业用水利用系数为 0.98。

3）牲畜用水

牲畜用水定额分为大畜和小畜用水定额，大畜用水定额采用每天 30L/头，小畜用水定额为每天 15L/头。叶尔羌河流域牲畜用水多为引用斗渠一级的地表水，经折算，现状年牲畜用水的利用系数为 0.51。

4）渔业用水

根据本流域的实际情况，渔业用水按照水面蒸发量 2178mm 计算，考虑到渗漏因素，渔业年净用水定额 866m³/亩。叶尔羌河流域渔业用水多为引用支渠一级的地表水，经折算，现状年渔业用水利用系数为 0.65。

5）农业灌溉用水

由灌区各作物的种植面积与灌溉定额计算用水量，得到叶尔羌河流域灌区的净用水量见表 4-18。

表 4-18　　　　　　　　叶尔羌河流域各灌区的净用水量　　　　（单位：m³）

类型	叶城	泽普	莎车	麦盖提	巴楚	岳普湖	前海	总计
净用水量	42275	26123	78778	34456	57672	4138	41203	284645

参考《新疆叶尔羌河流域规划报告》，叶尔羌河流域灌区的综合灌溉水利用系数为 0.41，灌区的田间水利用系数为 0.87，综合渠系水利用系数为 0.46。各灌区灌溉水利用系数见表 4-19。

表 4-19 叶尔羌河流域灌溉水利用系数

类型	叶城	泽普	莎车	麦盖提	巴楚	岳普湖	前海	流域
渠系水	0.48	0.5	0.44	0.44	0.44	0.43	0.48	0.46
田间水	0.87	0.87	0.87	0.87	0.87	0.87	0.87	0.87
灌溉水	0.43	0.45	0.4	0.4	0.4	0.39	0.43	0.41

3. 和田河流域

根据和田河流域分管区的城镇人口和农村人口统计，城镇用水定额包括城镇居民生活用水，公共设施及环境绿化用水，农村用水定额为居民生活用水。计算结果表明该流域年生活用水量为 5099.75 万 m^3，其中墨玉县区生活用水量最大，为 1938.95 万 m^3。

由于和田河流域工业基础薄弱，矿产资源储量相对不丰富，该流域分灌区工业用水总量为 2569.76 万 m^3，其中洛浦县区工业发展最为落后，其工业用水量仅为 69.93 万 m^3。

根据和田河流域分灌区牲畜数量及标准牲畜用水定额，对该流域牲畜用水量进行计算，结果显示，该流域牲畜用水量为 1882.65 万 m^3，其中墨玉县分区牲畜用水量最大，为 775.443 万 m^3；该流域渔业用水总量为 878.38 万 m^3。

根据和田河流域地方灌区农业种植结构、灌溉定额、灌溉水利用系数，对该流域农业用水量进行预测。结果表明，墨玉县区、和田县喀河区、和田县玉河区、和田市区以及洛浦县区农业用水量分别为 72725.53 万 m^3、19962.86 万 m^3、21266.94 万 m^3、22012.13 万 m^3 以及 11058.96 万 m^3，共计 147026.42 万 m^3，详情见表 4-20、表 4-21 及表 4-22。

表 4-20 和田河流域农业灌溉定额

项　目			灌溉天数	灌溉定额（m^3）
种植业	粮食作物	冬小麦	179	370
		水稻	155	845
	经济作物	正播玉米	125	310
		棉花	119	325
	复播	油料	75	180
		蔬菜	229	825
		果用瓜	229	825
		复播玉米	85	280
		复播油料	141	350
		复播蔬菜	141	350
牧业		苜蓿	100	350
		人工草场	215	320

表 4-21　　　　　　　　　　　　和田河流域各业用水定额

行业名称	定　额	水利用系数
工业	114.545m³/万元	0.905
城镇生活	112.727L/（人·天）	0.905
农村生活	86.364L/（人·天）	0.905
牲畜	10L/（头·天）	0.900
渔业	900m³/（亩·a）	0.614

表 4-22　　　　　　　和田河流域各水平年各业用水量统计表　　　　　（单位：万 m³）

分区	农业	工业	生活	牲畜	渔业	总计
墨玉县区	72725.53	376.95	1938.95	775.43	384.36	76201.22
和田县喀河区	19962.86	164.54	222.15	139.02	112.08	20600.65
和田县玉河区	21266.94	790.24	872.53	186.05	81.46	23197.22
和田市区	22012.13	1147.78	1244.17	212.92	63.96	24680.96
洛浦县区	11058.96	69.93	37.06	6.80	80.50	11253.25
合计	147026.42	2549.44	4314.86	1320.22	722.36	155933.3

4.2.3　植被生态环境用水量

1. 阿克苏河流域

阿克苏河流域河道平均损失率（包括蒸发与下渗损失）为 7.6%，研究区不同干旱等级下河道内损失水量统计见表 4-23。

表 4-23　　　　　阿克苏河流域不同干旱等级下河道内损失水量　　　　　（单位：亿 m³）

干旱等级	水资源分区	来水量	河道损失率(%)	河道损失水量
干旱	阿克苏河流域	68.54	7.6	5.21
重度干旱	阿克苏河流域	64.37	7.6	4.89
特大干旱	阿克苏河流域	60.88	7.6	4.63

河道内生态基流是指为维系和保护河流的最基本生态环境功能不受破坏，必须在河道内保留的最小水量的阈值。河道内生态径流与径流量密切相关，其来源于径流量，计算基值以径流量为基准。阿克苏河流域来水量充足，能够满足河道内生态基流用水量，因此不作单独考虑。阿克苏河流域天然植被 89.39 万 hm²，其中天然草地占 94.2%，其他为林

地，天然植被均位于阿克苏河两岸河谷平原的非农灌区，则天然植被河道用水量为 0.92 亿 m³。

2. 叶尔羌河流域

实际情况表明，叶尔羌河已长期不向干流供水且供水时也无法满足下游需求，干旱年时下游河道更是无水，此时就不再考虑河道内生态环境用水量。

在叶尔羌河中下游，沿河两岸呈走廊式分布着以滩涂荒漠植被和部分胡杨灰杨为主的荒漠河岸林，在提孜那甫河的河道两岸生长着以灌木丛和草本植物为主的滩涂荒漠植被，这些植被主要依靠洪水漫溢和河床渗漏补给的地下水维持生长，其生态用水量 4.015 亿 m³。

3. 和田河流域

和田河流域北部深入塔克拉玛干沙漠腹地，由于特殊地理环境、严酷的气候条件、频繁的风沙危害、恶劣的生态环境制约了经济的发展。根据和田河流域的生态环境现状并结合《新疆和田地区生态建设工程规划》以及各县市林业局的发展目标，参照《和田河流域节水改造工程五年实施方案》，和田河流域生态林草和封沙育林面积 396.4 万亩，主要在每年 4、7、8、9 月份对生态林草和封沙育林进行灌溉，4 个月份分别向生态供水 1.25 亿 m³、0.44 亿 m³、0.89 亿 m³、0.59 亿 m³，维护生态用水量 3.17 亿 m³。

4.2.4 绿洲用水总量

由生产用水量与生态用水量即可计算出研究区内用水总量，见表4-24。不同干旱等级下，阿克苏河流域用水总量平均为 49.63 亿 m³，其中生产用水量占用水总量的 90.5%；塔里木河干流区生态用水量随干旱程度变化而变化，占塔里木河干流区用水总量的 76% 左右。

表 4-24　　　　　　　　　　　研究区不同干旱等级下的用水总量　　　　　　　（单位：亿 m³）

干旱等级	水资源分区	生产用水量	生态用水量	用水总量
干旱	阿克苏河流域	44.92	5.21	50.13
	塔里木河干流区	7.14	21.93	29.07
	叶尔羌河流域	71.31	2.02	73.33
	和田河流域	21.64	3.17	24.81
重度干旱	阿克苏河流域	44.92	4.69	49.61
	塔里木河干流区	7.14	19.73	26.87
	叶尔羌河流域	71.31	1.81	73.12
	和田河流域	21.64	2.85	24.49

续表

干旱等级	水资源分区	生产用水量	生态用水量	用水总量
特大干旱	阿克苏河流域	44.92	4.22	49.14
	塔里木河干流区	7.14	17.75	24.89
	叶尔羌河流域	71.31	1.63	72.94
	和田河流域	21.64	2.57	24.21

4.3 绿洲稳定性评价及适宜规模——以阿克苏河流域为例

塔里木河流域面积大，绿洲范围分布广，如果研究整个流域的绿洲适宜规模，难以精确到其他支流流域，而且由于有的区域资料缺乏，研究结果难以保证准确性。阿克苏河是天山南坡径流量最大的河流，拥有托什干河和库玛拉克河两大主要支流，是塔里木河流域4 条源流中最大的源流和主要补给来源，占阿拉尔水文站以上 3 条源流水源补给量的73.2%，且是唯一一条常年向塔里木河输水的河流，其径流量变化对该流域甚至整个塔里木河流域的水文水资源与社会经济可持续发展起着决定性作用。本节以阿克苏河流域为代表，探究流域绿洲适宜规模，深入思考和研究流域水资源开发利用存在的问题，为流域经济可持续发展和生态健康稳定等提供参考。

4.3.1 绿洲稳定性评价

1. 绿洲稳定性评价指标划分

我们引入绿洲稳定性评价指标 H_0 来描述绿洲适宜规模与绿洲耗水量之间的关系。H_0 为绿洲稳定性指数，用来分析绿洲中来水条件和热量条件之间的平衡，直观反映出绿洲发展的方向，得到绿洲生态的稳定程度。H_0 越小则绿洲生态越受到用水的压力，绿洲越不稳定，反之亦然。依据天然景观特性将绿洲稳定度划分为表 4-25 所示。

表 4-25 绿洲稳定度划分

评价	H_0	可正常维持的生态景观	绿洲生态	绿洲开发利用评价
超稳定	>1.00	湖泊、大面积湿地和森林	异质性将增加	绿洲面积可以扩大
稳定	0.75~1.00	森林草原或草原	保持平衡	绿洲面积在有可靠措施下，可谨慎扩大
亚稳定	0.50~0.75	干草原和疏树草原	开始退化	绿洲需要较高的投入才能保持稳定

评价	H_0	可正常维持的生态景观	绿洲生态	绿洲开发利用评价
不稳定	<0.50	干草原	退化	必须缩小绿洲规模以保持局部稳定

基于生态水热平衡原理建立评价绿洲水热平衡的指标 H_0 用以评价绿洲的稳定性状况。

$$H_0 = \frac{W - W_1 + A_n \cdot r}{ET_0 \cdot A_n} \tag{4.2}$$

式中，W 为绿洲区年均净客水消耗量（亿 m^3），即其客水消耗量，从水资源规划意义上，是分配给绿洲的客水额度；W_1 为绿洲区内年均工业和人畜净耗水量（亿 m^3），对绿洲植被生长无贡献，应从水热平衡中扣除；A_n 为现有绿洲面积（km^2）；r 为绿洲区内年降水量（mm）；ET_0 为按彭曼公式计算的参考作物蒸腾量（mm）。

1）参考作物蒸腾量 ET_0

在水热平衡计算模型参数中，参考作物蒸腾量 ET_0 最为重要。在通常情况下，绿洲内的植被并不是所谓的"参考作物"，还包括乔木、灌木、草本植物等各种作物，其实际蒸腾量与参考作物蒸腾量存在差异。因此一般为了符合绿洲植被的实际蒸腾量引入综合植物系数 K_p 来修正参考作物蒸腾量。综合植物系数 K_p 是一个可以用来反映植物本身的生物学特性及需水影响的参数，可以通过参照各种作物的系数经加权平均求得。但由于需要的数据过于烦琐，一般通过研究区的农林草比例来粗略估算，结果与实际情况仍存在差异。

2）绿洲年均可利用地表水资源量 W

阿克苏河流域绿洲可利用地表水资源量主要来源为上游的两大支流托什干河和库玛拉克河。本章结合托什干河和库玛拉克河 1990—2023 年的径流数据得出阿克苏河流域绿洲可利用地表水资源量变化。为了保持塔河下游生态的健康和稳定，经查阅历史数据和相关资料，将稳定下泄水量定为 31 亿 m^3。则绿洲可利用地表水资源量即为来水总量和稳定下泄水量之差。

3）绿洲工业生产和居民生活需水量 W_1

通过定额法计算得到阿克苏河流域绿洲工业生产生活耗水量，见表 4-26。

表 4-26　　　　　　　　　绿洲区工业生产生活耗水量　　　　　　　（单位：亿 m^3）

	1990—1999 年	2000—2009 年	2010—2023 年
居民生活年均用水	0.324	0.318	0.356
牲畜饲养年均用水	0.059	0.048	0.044
工业生产年均用水	0.021	0.027	0.027
生产生活耗水量 W_1	0.404	0.393	0.427

2. 绿洲稳定性评价结果

综合以上数据计算阿克苏河流域天然绿洲各个时期的稳定性评价指标 H_0，进行绿洲稳定性分析，结果见表 4-27。

表 4-27　　　　　　　　　　阿克苏河流域天然绿洲稳定性评价

	1990—1999 年	2000—2009 年	2010—2023 年
H_0	0.33	0.41	0.44
稳定性评价	不稳定	不稳定	不稳定

从表中可以看出，阿克苏河流域天然绿洲水热平衡系数长期小于 0.5，绿洲健康状态长期不稳定，但呈现出稳定性逐步增加的变化趋势。

4.3.2　绿洲适宜规模计算

从上一节稳定性分析中可以看出，在给定的一个区域，绿洲的适宜规模主要由来水量、工业和人畜净耗水量、ET_0 和 r 来计算。适宜天然绿洲规模的计算式如下：

$$A = \frac{W - W_1}{ET_0 \cdot H_0 - r} \tag{4.3}$$

式中，W 为绿洲区年均净客水消耗量(亿 m^3)，即其客水消耗量，从水资源规划意义上，是分配给绿洲的客水额度；W_1 为绿洲区内年均工业和人畜净耗水量(亿 m^3)，对绿洲植被生长无贡献，应从水热平衡中扣除；A 为适宜天然绿洲面积；H_0 为绿洲内设计的"绿度"，主要考虑绿洲附近的自然条件、人工干扰情况和绿洲规模的影响，为维护绿洲稳定，H_0 一般介于 0.75 ~ 1。

在一定的绿洲适宜规模基础上，适宜人工绿洲面积计算公式如下：

$$A_c = A \cdot K_t \tag{4.4}$$

式中，A_c 为人工绿洲面积(km^2)；A 为适宜天然绿洲面积；K_t 为适宜人工绿洲比例系数。

1. 人工绿洲比例系数 K_t

想要保持绿洲的稳定，就必须保证绿洲结构具有合理的农林草比例。若农业耕地面积太大，则农业耗水量过多，绿洲林草地得不到维持基本生命所需的水量，则绿洲少了林草的保护将趋于退化，转化为荒漠。根据前人的研究结果，若想要绿洲保持生态稳定，则应取农林草比例分别为耕地 30%~40%、草场 50%~60%、森林 10%。结合阿克苏河流域实际情况，将耕地利用系数取为 30%。由于人工绿洲绝大部分面积为耕地，则人工绿洲比例系数取为 30%。

2. 绿洲设计绿度 H_0

绿度是绿洲的实际水分条件与理想热量条件之间的相对平衡分析，是从绿洲内部反映绿洲生态的进化与退化的方向或者绿洲扩张与萎缩的趋势。运用绿度指标可以对绿洲承载状况进行快速诊断，也能从总体上反映绿洲的稳定状况，绿度越大，绿洲稳定性越高，反之亦然。阿克苏河流域绿洲被荒漠包围，自然环境恶劣，本章从维持绿洲安全角度出发，将绿洲区适宜绿度设计为0.75。

根据已有的参数计算成果，根据式(4.2)计算阿克苏河流域绿洲适宜面积，计算结果见表4-28。

表4-28　　　　　　　　　　　阿克苏河流域绿洲各时期规模统计

时间	来水量（亿 m³）	绿洲适宜面积（万 km²）		绿洲实际面积（万 km²）		
		天然绿洲面积	人工绿洲面积	天然绿洲面积	人工绿洲面积	人工绿洲面积超额
1990—1999 年	83.84	1.17	0.35	2.62	0.41	0.06
2000—2009 年	100.05	1.25	0.38	2.63	0.46	0.08
2010—2020 年	111.53	1.37	0.41	2.66	0.55	0.14

从以上数据可以看出，由于水资源的长期短缺与耕地面积的持续增加，绿洲实际面积远大于绿洲适宜面积，绿洲内部的稳定结构已受到破坏，阿克苏河流域绿洲长期处于退化的不稳定状态。阿克苏河绿洲耕地的灌溉模式十分落后，耗水量巨大，严重违背了绿洲可持续发展的耗水需求，更加制约了绿洲生态面积的发展和维护。因此，为了保证绿洲整体的健康和稳定，必须及时改革灌溉模式，合理安排种植种类，及时退耕还林还草，限制耕地规模，控制耕地用水量。同时，应适度收缩人工绿洲规模，合理安排生产生活用水，多管齐下，保证下游生态用水量。

4.3.3　绿洲适宜规模承载能力

地球上不同等级自然体系均具有自我维持生态平衡的功能，适宜规模承载力是自然体系调节能力的客观反映，指在一定时期内，为达到和长期维持适宜规模，实现绿洲的自我调节能力，其可承载的社会经济活动强度和具有一定生活水平的人口数量。适宜规模承载力对绿洲的综合发展有至关重要的影响。

通过上述两节我们分别分析了阿克苏河流域绿洲的稳定性状况和它的适宜规模。为了分析绿洲的适宜规模还要进一步分析它的承载能力。

1. 耕地耗水承载能力

耕地耗水的承载能力主要取决于耕地用水总量和对水资源的利用效率。从之前的分析我们已经知道阿克苏河流域从20世纪70年代至今，其水资源总量由于气候变暖是逐渐增加的，但从总量来看仍十分缺水，并且绿洲耕地的水资源利用率依旧不高甚至非常低。尽管近些年当地通过兴修水利等很多方法尝试提高水的利用系数，然而由于耕地面积过大，引水灌溉技术落后，人们固有耕种思想陈旧等一系列问题，实现全面滴灌的耕种方式还有难度，引水过程中的各种损失也不容小觑。

为实现人工绿洲 0.41 万 km² 的适宜规模，绿洲耕地耗水的承载能力为 45 亿 m³，为现状绿洲耕地耗水量的 68.2%，因此必须大力削减耕地耗水。通过对渠系进行防渗处理、对土地进行平整、应用节水灌溉技术和高产栽培模式，降低灌溉定额，提高作物单产，同时优化种植结构，减少高耗水作物的面积比例，增加低耗水作物的面积，最终提高单位水量的农作物产量和效益。

2. 其他耗水承载能力

阿克苏河流域绿洲发展期间，人口和工业生产发展迅猛。但由于基数较低，生产生活用水并未对绿洲总耗水产生太大影响，因此可继续维持当前的人口增长水平和社会生产水平，同时在发展过程中应注重提高节水能力，缓解人口增加和工业生产带来的用水压力，并且需要对石油、公路、铁路、厂矿等开发建设项目认真贯彻水资源保护的要求，防止造成新的水土流失。

实现绿洲的适宜规模要以水资源为核心，充分考虑水资源条件。阿克苏河流域绿洲经济和社会发展要以水资源定发展，以水资源定绿洲，以水资源定林草，以水资源的节约保护、合理开发、优化配置、有效利用促进生态建设和绿洲经济发展。

4.4 本章小结

本章采用塔里木河流域土地利用类型数据（LUCC），参照国内对各类土地利用要素的分类方法，对流域人工和天然绿洲进行了分类。分析了 2000—2023 年塔里木河流域人工与天然绿洲面积变化情况，研究了人工与天然绿洲转化过程。利用定额法，根据土地利用状况与灌溉技术等计算了绿洲农业需水量、工业用水量以及保障生态环境健康发展的生态需水量，确定了绿洲合理的可供水总量。依据绿洲稳定性指标体系的构建过程及前人对塔里木河流域绿洲的研究成果，结合塔里木河流域绿洲的实际情况，建立了绿洲稳定性评价系统。运用水热平衡法，建立了绿洲适度规模的数学模型，研究了塔里木河流域绿洲的适度规模。主要结论如下：

（1）2000—2023 年，塔里木河流域人工绿洲面积整体呈现显著增加的趋势，年平均增长率为 2.3%。天然绿洲面积在 2000—2023 年表现为逐渐下降的趋势，占比由 2000 年的 31.72% 下降到 2023 年的 30.96%。2000—2005 年塔里木河流域天然绿洲在逐渐转化成人工绿洲的同时，天然绿洲的土地利用类型之间也存在相互转化的过程。林地、草地和水域面积不断减少，转化为人工绿洲的耕地面积，农业活动越发频繁，并且不同类型的土地都有部分退化成荒漠，天然河流湖泊干涸现象较严重，盐碱化荒漠化问题加重了地区的生态脆弱性。

（2）绿洲耗水总量总体呈现上升趋势，其中农业用水量显著增加。不同干旱等级下，阿克苏河流域用水总量平均为 49.63 亿 m³，其中生产用水量占用水总量的 90.5%；塔里木河干流区生态用水量随干旱程度变化而变化，占塔里木河干流区用水总量的 76% 左右。

（3）利用水热平衡原理对阿克苏河流域天然绿洲适宜规模和人工绿洲适宜规模进行探

究，计算结果表明，阿克苏河流域天然绿洲适宜规模约为 1.37 万 km²，人工绿洲适宜面积约为 0.41 万 km²。目前，阿克苏河流域经济发展主要集中在阿克苏河流域绿洲，因此绿洲的稳定性直接决定了阿克苏河流域的社会经济发展和生态环境稳定。必须及时采取合理有效的措施改革灌溉方式，限制耕地发展，大幅度缩减农业用水量，同时应适度收缩人工绿洲规模，合理安排生产生活用水，保证下游生态的用水量。

第5章 塔里木河水资源管理量化评价
方法和指标体系

在河流健康内涵分析的基础上，根据河流的基本特征和个体特征，建立由共性指标和个性指标构建的生态塔里木河维系标准指标体系，是对河段至河流整体的自然功能、生态环境功能和社会服务功能进行评价的方法。本章选定 2020 年为现状年，2030 年为近期规划年，2050 年为远期规划年，对流域进行现状水资源承载力评价，并对该区域水资源进行近期及远期水资源承载情况预测，为该流域今后的发展提供一定依据。评价过程共分为五个步骤：①收集研究区域基本资料；②建立水资源承载力评价指标体系；③计算评价指标；④计算指标权重；⑤应用评价模型对研究区域水资源评价指标进行评价。

通过分析主要社会活动与水资源的量化关系，建立涉及水文、环境、社会、经济等多领域的量化指标体系。提取并分析与水资源相关的社会、经济、环境等多因素作用，根据量化指标分析流域生态-水文要素对自然条件和人类控水活动的响应特点及发展趋势。结合塔河水资源复合系统指标评价体系，建立水资源多维临界调控模型，该模型可以综合考虑区域水文、社会、经济、生态等因素。研究影响流域承载能力的不确定因素，科学合理确定各项指标对复合系统影响程度，从而完成对区域水资源复合系统承载力的计算与评估。

5.1 塔里木河生态治理研究

河流是现代城市的重要资源和环境承载体，不但承担防御洪水、排涝减灾、调水引清、蓄水灌溉、内陆航运等基本功能，还应肩负起美化环境、调节小流域气候、平衡区域生态系统等功能。干旱地区水资源短缺与生态退化失衡所带来的水文生态问题已成为诸多国家和地区面临的首要问题。塔里木河流域作为我国内陆河流域中人口最密集、水资源开发程度高、用水矛盾较突出的流域之一，其水文生态问题尤为严峻。从河流的结构与功能的角度来看，河流健康是指河流社会生态系统特定的良好状况，可作为河流基准状态以及河流管理的最终目标，在此状态下，河流系统能够维持其系统结构完整性，充分发挥其自然生态功能，并提供相应的社会服务功能。

塔里木河地处我国西北干旱区，全长 1321km，是我国最长的内陆河，也是世界著名的内陆河之一，具有自然资源丰富和生态环境脆弱的双重性特点，以其鲜明的地域特色和突出的水资源与生态问题著称于世。塔里木河在以水资源开发利用为核心的人类经济、社会活动的作用下，区域经济有了长足发展，但经济与生态的矛盾日趋突出，生态环境日益退化，特别是塔里木河下游生态环境严重退化，河道断流，湖泊干涸，地下水位大幅度下降，以胡杨林为主体的荒漠植被全面衰败，沙漠化过程加剧，生物多样性严重受损，浮尘、沙尘暴灾害性天气增加，成为塔里木河流域较严重的生态灾难区。塔里木河流域严峻的生态与环境问题引起了政府和国际社会的关注。

塔里木河分布有我国最大的天然胡杨林自然保护区，以胡杨、柽柳为主的灌木和以芦苇为主的草本构成了中游生态系统的植物群落主体，人为破坏相对较轻，为野生动物提供了采食、饮水、隐蔽的居所，形成了良好的生态系统。本章基于水文生态的视角，分析了塔里木河流域水文生态变迁过程；从三水转化的观点出发，根据流域水资源系统的转化特点，研究塔里木河中下游浅层地下水、水质变化与生态植被的关系，探讨堤防外围植物群落自然生态过程的稳定性问题，研究干旱内陆河流域生态系统退化与恢复机理，并评估塔里木河干流生态工程效益，为塔里木河流域生态治理与可持续发展提供理论指导。

5.1.1 塔里木河流域的生态现状

1. 生态系统主要类型

塔里木河流域生态系统的类型的划分采用水生生态系统和陆地生态系统相结合的原则，即河流作为一种水体，可按水生生态系统划分；同时，它又是一个占据一定陆地面积的区域，也可按陆地生态系统划分。作为一个水体，河流按水资源形成、消耗、转化、蓄积、排泄为依据，划分为径流形成区、消耗转化区、排泄蒸散区和无流缺水区；作为陆地地域又可以按地貌类型、自然和人工植被，划分为山地、人工绿洲、自然绿洲、荒漠等类型。本章以自然绿洲为主体，通过分析塔河流域干旱灾害发生时自然绿洲系统的生态响应来表征干旱灾害对塔河绿洲生态环境的影响。自然绿洲位于干旱区的冲积平原，这类生态系统是由不依赖天然降水的非地带性植被构成，主要为中生、中旱生且具有一定覆盖性的天然乔、灌、草植物，主要依靠洪水灌溉或地下水维持生命，其生态特征随着河流和水分条件变化而变化。它们伴河而生，沿着塔河形成连续、宽窄不一的绿色植被带，或者称为绿色走廊，自然绿洲包含的次一级生态系统单元有以下几类：

1）盐化草甸

盐化草甸是隐域性自然植被的主体，主要建群种包括芦苇、胀果甘草、花花柴、大花罗布麻、疏叶骆驼刺等，塔河流域的草甸植被都带有盐化性质，这类草场总面积有45.57万 hm^2，不同种类的草本植物对地下水的依赖程度是有差别的。当地下水埋深为 $1\sim2m$ 时，其平均土壤含水量为23.59%，大多数盐生草甸中的草本植物适宜生长；当地下水埋深 $2\sim4m$ 时，部分植物仍然能够生长；当地下水埋深至4m时，多数草本植物近于停止生长或者死亡，只有少数深根系植物能够存活。[①]

2）灌丛

塔河流域灌木主要为柽柳属植物、白刺、黑刺、铃铛刺等。常见的柽柳有多怪柽柳、

---

① 本章数据来源于新疆维吾尔自治区塔里木河流域管理局编制的《新疆塔里木河流域综合规划》及新疆维吾尔自治区水利厅发布的《新疆维吾尔自治区水资源公报》（2000—2020 年）（https://slt.xinjiang.gov.cn/）

刚毛柽柳、长穗柽柳、多花柽柳等。柽柳适生于河漫滩、低阶地和扇缘地下水溢出带，有广泛的生态适应性。随着地下水的下降，柽柳向超旱生荒漠植被过渡，随着地下水上升，盐渍化加重，它向盐生荒漠过渡。地下水埋深 1~2m 的地方，柽柳分布数量不多，盖度较小；地下水埋深 2~4m 处，灌木所占比例逐渐增大，盖度也相应增加；当地下水位埋深至 6m 时，除乔木外地上植被占统治地位的则是灌木，这种状况一直延伸至地下水位更深的区域，但是这一区域的柽柳生长并不处于最佳状态，长势较弱，生长良好的柽柳 95% 分布于地下水埋深小于 5m 的区域内。

3）荒漠河岸林。

塔河流域的乔木树种有胡杨、灰杨、尖果沙枣，前两者是构成荒漠河岸林的主要建群种，在塔河干流区胡杨分布最广。实生胡杨幼林皆发生在河漫滩上，其地下水埋深一般为 1~3m，胡杨幼林表现出良好的生长势头；随着河水改道，形成现代冲积平原 1~2 级阶地，此阶段的地下水埋深一般为 3~5m，此时胡杨林正处于中龄阶段，生长最为旺盛；分布在古老的冲积平原高阶上的胡杨林为近熟林，地下水埋深一般在 5~8m，其长势明显低于中龄林；胡杨的成熟林与过熟林，都分布在古老的冲积平原上，地下水埋深多在 8 米以下，长势最差，呈现出衰败的景象。

2. 生态环境问题

对于深处内陆地区的塔河流域，水是维持生态平衡和生态系统正常运行中不可或缺的要素，流域内的主要生态环境问题都与水资源有着密切的关系，如水土流失、土地荒漠化、土地盐碱化、沙尘暴、湖泊矿化度增高以及地表水环境质量下降等问题都在不同程度上与干旱缺水有关，若干旱成灾，则会使上述各类生态环境问题进一步加剧，其中较为突出的问题包括以下几点：

1）地表水与地下水环境恶化。

影响水质的因素是多方面的，包括地质构造、土壤盐分、土壤结构、土壤质地等，塔河流域水质恶化主要是由于长期干旱以及人类经济活动的影响，引发地表径流量和地下径流量不断减少。目前塔里木河仅在洪水期的水质为淡水，至洪水末期，水质已变为弱矿化水，而枯水期全为较高的矿化水。从塔河各站月平均矿化度监测数据可以看出，每年 7—9 月的汛期河水矿化度最低，其中在 8 月矿化度<1g/L，枯水期矿化度均很高，尤其以 4—6 月为最高，可达 6.326g/L。据调查 34 团农业灌溉水质在 5 月底到 8 月初这一重要的生产季节，灌渠水的矿化度平均在 2g/L 以上，最高达到 6.24g/L，导致农作物出现大面积死亡。

灌区地下水主要以灌溉用水的垂直渗漏补给为主，而非灌区则以河道流水的侧漏补给为主，由于地表水减少了对地下水补给，塔河干流区地下水位不断下降，随着地下水位下降，地下水矿化度也逐渐升高，调查显示 20 世纪 50—60 年代，英苏至阿拉干河段的地下水水位为 3~5m，1973 年为 6~7m，1998 年为 8~10.4m，1999 年为 9.4~12.65m，阿拉干井水的矿化度由 1984 年的 1.25g/L，上升至 1998 年的 4.5g/L。

2）地表生态系统退化

由于塔河下游特殊的干旱环境，天然植被生长所需的水分主要依靠地下水补给，地下水是该地区天然植被维持生命活动和延续的最主要来源，地下水又是依靠河道渗漏补给而来，1972 年塔河流域英苏以下 246km 长的河道断流，阿拉尔以南的地下水位由 20 世纪 50 年代的 3~5m 下降至 6~11m，超过了植被赖以生存的地下水位，大面积湿地丧失，多年生植被退化，生态系统已失去再生能力，以胡杨为主体的荒漠河岸植被和以柽柳为代表的平原地灌丛等天然植被大面积死亡，天然胡杨林锐减，从 20 世纪 50 年代的 5.4 万 hm^2，到 20 世纪 70 年代减至 1.64 万 hm^2，至 20 世纪 90 年代仅剩 0.67 万 hm^2。天然草地严重退化，芦苇草甸干枯，仅 1988—2000 年，塔河下游天然草地就减少 10675hm^2，其中 17.2%变成流沙地，4.03%变成裸地，14.1%变成盐碱地。

5.1.2 不同地下水埋深对地表植被的影响

在塔河流域，暖温带大陆性气候及其变化和不断加剧的人类活动，深刻地影响着该地区的景观格局与过程。在气候与人类活动的综合影响下，塔里木河下游以天然植被为主体的生态系统和生态过程因自然水资源时空格局的改变而受到严重影响，表现在植被盖度、物种丰富度、多样性及均匀度等方面。塔河流域降水稀少，大部分地区年蒸发量在 2100~2900mm，显然只依靠天然降水无法维持植物生命的延续。

就该区空间和时间的整体来说，地下水是天然植被维持生命活动和延续的主要的来源，然而植物根部环境的土壤水是依靠地下水来补充。当地下水埋深较高时，植物的根部可直接吸收、利用地下水。埋深较低时，地下水通过毛管作用向上运动，而影响各土层含水量，进而影响了植物的生长状况。

1. 盐化草甸植被净第一生产力与地下水关系

用实际测定的草甸植被净第一生产力（NNP）与地下水埋深建立模型，从表 5-1 和图 5-1 中可以看出，随着地下水埋深地增加，潜水蒸发减少，土壤水分含量降低，植被吸收越来越困难，净第一生产力逐渐下降；当地下水埋深超过 3.5m 时，其微小变化也能使 NNP 产生较大差异；当地下水埋深变化 1%时，NNP 变化 10%，因此将这一深度定为草甸植被生长胁迫深度。

表 5-1　　　　　　　　　　　　　塔河流域盐化草甸植被生产力实测值

群 落 类 型	植被生产力 NNP（t·dm/hm^2）	地下水埋深（m）
芦苇+拂子茅+杂草类	1.87	1.1
芦苇+甘草+罗布麻	1.35	1.4
甘草+罗布麻+花花柴	1.66	1.3
芦苇+甘草+罗布麻	1.14	1.5
芦苇+罗布麻+骆驼刺	1.4	1.7
甘草+芦苇+罗布麻	1.59	1.6
罗布麻+花花柴	0.93	2

续表

群 落 类 型	植被生产力 NNP(t·dm/hm²)	地下水埋深(m)
芦苇+骆驼刺+花花柴	1.04	2.2
芦苇+甘草+骆驼刺	0.73	2.1
花花柴+芦苇+骆驼刺	0.61	2.5
芦苇+骆驼刺	0.51	2.3
芦苇+骆驼刺	0.44	2.8
芦苇+骆驼刺+鸦葱	0.58	1.9

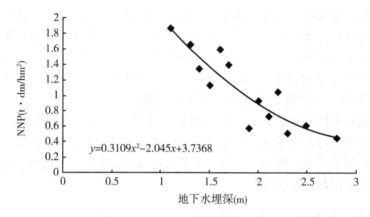

图 5-1　草甸植被净第一生产力(NPP)与地下水关系

2. 柽柳生长发育与地下水关系

运用数理统计的方法，在野外实际调查的基础上，建立柽柳生长与地下水埋深的关系模型，结果见表5-2和图5-2。从表图中可见，有43%的柽柳植被分布在地下水埋深3m以内的环境中，有83.4%的柽柳分布在地下水埋深为5m以内的环境中，因此在考虑维持柽柳种群的基本生存状况的条件下，可以将地下水埋深为5m作为柽柳生长的胁迫深度。

表 5-2　　　　不同长势的柽柳在不同地下水埋深范围内出现的频率

长势	地下水埋深(m)											
	<1	1~2	2~3	3~4	4~5	5~6	6~7	7~8	8~9	9~10	>10	合计
生长良好	1.96	29.41	29.41	21.57	11.77	1.96					3.92	100
生长较好	2.23	17.42	30.34	23.62	14.04	3.93	2.81	3.93		1.12	0.56	100
生长不好	9.1	12.12	18.18	21.21	15.15	6.06		12.12		6.06		100

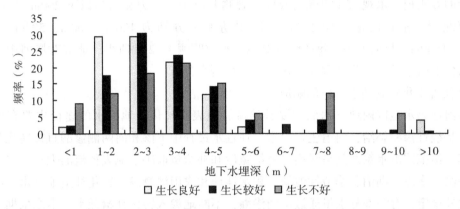

图 5-2　不同长势柽柳在不同地下水埋深条件下的频率分布

3. 胡杨生长与地下水关系

根据《新疆树木志》(2012),当地下水水位 1～3m 时,胡杨生长良好;地下水水位 3～4m 时,胡杨生长中等;地下水水位 5～6m 时,胡杨生长停滞;地下水水位 6m 以下时,大部分胡杨枯死,这仅是一个粗略的估计(见表 5-3)。本次计算根据野外调查数据,建立胸径生长与地下水埋深的关系模型,当地下水埋深在 4.5m 以内时,30 年树龄的天然胡杨最后 5 年平均直径生长量在 0.57～0.59cm,变化幅度不大;当地下水埋深超过 4.5m 时,生长量很快降至 0.143～0.238cm,地下水埋深 6m 以下时,生长量为 0.05～0.08cm,基本停止生长,因此可以将 4.5m 看成胡杨生长的胁迫深度。

表 5-3　　　　　　　　　　　　不同地下水埋深胡杨胸径生长量

地下水埋深(m)	1	1.5	2	2.5	3	3.5	3.848	4	4.3
30 年胡杨后 5 年平均胸径生长量(cm)	0.595	0.594	0.593	0.591	0.589	0.586	0.583	0.572	0.504
地下水埋深(m)	4.5	4.843	5	5.2	5.4	6	7	8	9
30 年胡杨后 5 年平均胸径生长量(cm)	0.438	0.298	0.238	0.182	0.143	0.08	0.06	0.05	0.05

4. 径流变化与地下水位关系

1)塔河干流地下水位监测

根据塔里木河流域管理局提供的塔河中游地下水位的监测资料,选取沙吉力克河口断面布设的 6 眼地下水观测井的观测数据。观测井位于沙吉力克河口以下 200m 处河道上，在河道北岸，垂直河道延伸 1.5km，距堤防距离分别为 100m、300m、500m、800m、1000m、1500m，数据由每年每两个月对地下水位监测 1～2 次所得，能够对塔河中下游段地下水位的时空动态变化过程和变化趋势进行研究分析。

2) 径流变化及其地下水位的响应

塔河地表水是区内地下水的主要补给源，地表水转化为地下水的途径主要有两种形式：一是线性渗漏补给，河道主要引水渠在输水过程中下渗和向两侧渗漏直接转化为地下水，其补给范围沿水系两侧呈线型，补给宽度和补给量取决于地表径流的大小；二是面状渗入补给，水库、湖泊、季节性池塘、积水洼地和农田灌溉渗入转化补给地下水。灌区引水量比较稳定，有一部分水量通过田间渗漏，不断地渗入转化补给低水。本章根据已有的观测资料，建立地表径流与地下水埋深的曲线方程，通过典型断面的水文资料了解塔河干流中段地下水埋深的变化情况。

通过对数据径流与观测地下水位埋深的数据分析研究发现，塔河干流径流与各观测井地下水位埋深关系均呈良好的线性关系，用指数函数拟合能够很好地表示二者之间的关系，本次研究考虑数据的完整性和典型性，以英巴扎断面 2005—2009 年的径流与沙吉力克河口断面各监测井年均地下水埋深数据拟合，结果见表 5-4 和图 5-3。

表 5-4　　　　　　　　　　塔河干流径流量与地下水埋相关方程

监测井号	拟合方程	R^2
1	$y = 131991e^{-2.2509x}$	0.93
2	$y = 237885e^{-2.2882x}$	0.81
3	$y = 6917091.03e^{-2.72x}$	0.77
4	$y = 93116975.42e^{-3.09x}$	0.82
5	$y = 1418896277.90e^{-3.31x}$	0.90
6	$y = 213905917.95e^{-2.81x}$	0.91

注：y 为径流量，单位：亿 m^3；x 为地下水埋深，单位：m。

从图 5-3 中可以看出，英巴扎断面年径流量与沙吉力克河口断面地下水埋深的年变化相关性较高，在各种曲线方程的拟合中指数函数的精度较高，R^2 均值达到 0.86，结果表明指数函数拟合能较好地表达二者之间的关系，这是因为地表径流是地下水的主要补给来源，年径流量的大小基本能够反映当年地下水埋深的情况，通过对数据分析研究发现，距离河岸堤防 800m 以内的范围，地下水埋深与当年径流量相关性较好，这表明地表径流对地下水埋深影响显著，距离河岸堤防大于 800m 的范围，地下水埋深与上一年的径流相关性较好，地下水受地表径流的影响有一定的滞后性，但是地表径流依然是影响地下水埋深的主要因子。

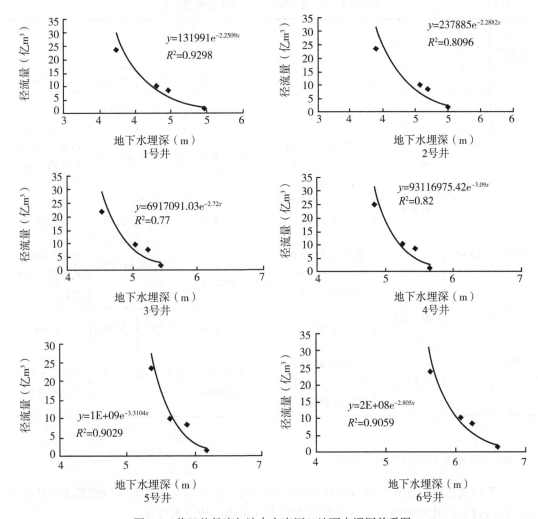

图 5-3 英巴扎径流与沙吉力克河口地下水埋深关系图

5. 干旱影响下生态情景分析

人类活动对生态环境产生积累性和广泛性的影响,塔河流域的生态环境完全依靠地表径流转化为地下径流来维持,若没有地表径流,环境演变的最终结果将是沙漠。要使有限的水量在改善生态中发挥其应有的作用,将地表水转化为地下水,储存在土壤中供植物利用,为植物生长创造一个良好的生态地下水位是非常重要的。本章根据不同干旱程度下的来水量,计算出距河堤岸不同距离的地下水位,分析相应的植被状况,作为生态环境的表征,显示干旱灾害发生时的生态特征,为不同干旱年份生态环境的保护提供科学依据,参考结果见表 5-5。

表 5-5 塔河干流段不同干旱年份两岸生态情景分析

保证率	径流量（亿 m³）	情景分析	井号					
			1	2	3	4	5	6
		距离堤防	100m	300m	500m	800m	1000m	1500m
75%	16.21	地下水位（m）	4	4.19	4.55	5.04	5.52	5.83
		生态特征	草甸植被开始受影响，柽柳、胡杨长势良好	草甸植被消失、柽柳、胡杨生长开始受到影响				柽柳、胡杨生长停滞，濒临死亡
90%	10.65	地下水位（m）	4.18	4.38	4.92	5.17	5.65	5.98
		生态特征	草甸植被开始受影响，柽柳、胡杨长势良好	草甸植被消失、柽柳、胡杨生长开始受到影响				柽柳、胡杨生长停滞，濒临死亡
95%	8.72	地下水位（m）	4.28	4.46	4.99	5.24	5.71	6.06
		生态特征	草甸植被受影响较大，柽柳、胡杨长势较好	草甸植被消失、柽柳、胡杨生长开始受到影响				柽柳、胡杨出现枯死现象

6. 不同干旱年塔河干流径流量

本章以英巴扎断面作为研究基准断面，将不同干旱年塔河干流来水量折算至英巴扎断面，再通过英巴扎断面的径流量计算距堤防不同距离的地下水埋深。

根据目前塔河干流河道耗水研究，单位河长耗水量是一个具有可比性的参数。各河段平均年耗水量及单位河长耗水量见表 5-6。从表中可以看出，塔河上游段河道长 447km，多年平均耗水为 16.59 亿 m³，每 1km 河道耗水量为 0.0371 亿 m³；中游段河道长 398km，平均年耗水量为 23.04 亿 m³，每 1km 河道耗水量为 0.058 亿 m³，本章研究的河道耗水主要发生在塔河干流的上游段。

表 5-6 塔里木河干流平均年耗水量及单位河长耗水量

河 段	上 游 段			中 游 段	上中游段
	上段	下段	合计	英巴扎—卡拉	阿拉尔—卡拉
	阿拉尔—新渠满	新渠满—英巴扎	阿拉尔—英巴扎		
河长（km）	189	258	447	398	845

河　段	上　游　段			中　游　段	上中游段
	上段	下段	合计	英巴扎—卡拉	阿拉尔—卡拉
	阿拉尔—新渠满	新渠满—英巴扎	阿拉尔—英巴扎		
平均年耗水量 （亿 m³）	7.85	8.74	16.59	23.04	39.63
单位河长耗水量 （亿 m³/km）	0.0415	0.0339	0.0371	0.058	0.0469

不同来水保证率下塔河流域各源来水量见表 5-7。根据不同干旱年下的塔河各源流来水量，结合塔河干流平均耗水量及单位河长耗水量，可计算不同来水保证率下的英巴扎断面径流量。

表 5-7　　　　　　　　　　不同来水保证率下塔河流域各源流来水量

来水保证率 （%）	阿克苏河流域 来水（亿 m³）	叶尔羌河流域 来水（亿 m³）	和田河流域 来水（亿 m³）	开都河—孔雀河 流域来水（亿 m³）	合计 （亿 m³）
75	26.41	0	6.39	4.50	37.30
90	25.22	0	2.02	4.50	31.74
95	24.25	0	1.06	4.50	29.81

在 75% 保证率下塔河"四源一干"共注入干流水量 37.30 亿 m³，随着干旱程度的加深，注入干流水量逐渐减少，90% 保证率下各源流注入塔河干流水量合计 31.74 亿 m³，95% 保证率下各源流注入塔河水量降至 29.81 亿 m³。由于选取的基准断面为英巴扎断面，而开都河—孔雀河位于塔干流中下游，故计算塔河干流英巴扎断面来水量时需扣除开都河—孔雀河补给水量。计算结果见表 5-8。

表 5-8　　　　　　　　　　不同来水保证率下英巴扎断面径流量

来水保证率 （%）	径流量 （亿 m³）	阿拉尔—英巴扎			英巴扎断面径流 （亿 m³）
		河道长度 （km）	平均年耗水 （亿 m³）	单位河长耗水 （亿 m³/km）	
75	32.8				16.21
90	27.24	447	16.59	0.0371	10.65
95	25.31				8.72

塔河干流上中游总长度为 845km，其中上游段河道长 447km，中游段河道长 398km，

上游河段年耗水量为 16.59 亿 m^3，单位河长耗水量为 0.0371 亿 m^3/km，75%保证率水平年折算至英巴扎断面径流量为 16.21 亿 m^3，90%保证率水平年径流量为 10.65 亿 m^3，95%保证率水平年径流量降至 8.72 亿 m^3。

5.1.3　塔里木河流域的生态演变

1. 地下水与植被系统的演变特征

塔里木河流域治理的重要内容之一是在中游 400km 的河道两侧建起堤防，以预防河水洪水期的漫溢。输水堤防修建后，堤防外围部分地区的地下水位、水化学特征、植被状况发生了较明显的变化。

从空间变化看，输水堤防修建后，在沙子河断面地下水化学的空间变化特征被明显改变，表现为地下水矿化度和其他地下水化学特征不再随河道距离的增加而升高，而是进一步降低，整个沙子河断面地下水的矿化度基本在 15~30g/L；在乌斯满断面，地下水化学特征受输水堤防的影响不明显，但我们在实地调查时却发现地表积盐十分严重，长此以往，本地生态系统势必受到严重影响。阿其河断面的地下水化学表现出一定的复杂性。

从时间变化看，由于输水堤防的修建沙子河断面丰枯期地下水矿化度及 Cl^-、Na^+ 含量变化的正常规律被打乱；乌斯满断面丰枯期地下水矿化度的变化与输水堤防修建前的变化趋势基本相同，而 Cl^-、Na^+ 含量变化规律则受到输水堤防的影响发生了明显变化；阿其河断面地下水矿化度和 Cl^-、Na^+ 含量在丰枯期呈现复杂的变化。总体来说，修建输水堤防后，以矿化度为代表的地下水化学特征在堤防的作用下表现出逐年增加的变化特点。

从水力联系看，在堤防建成之初，河道两侧不同距离处之间的水力联系受堤防的影响没有表现出来，即它们之间仍处在未建堤防之前水力联系的惯性之中，所以相关性非常显著；堤防建成 5 年后，不同距离处地下水化学的相关性仅局限于距离河道 800m 以内的范围，且 800m 处已经成为近堤防处水盐的排泄区，这意味着沿河淡化带的大面积萎缩。地下水位在距堤防较近处的变化较为明显，且该变化与河道来水量密切相关。堤防修建初期，地下水位埋深增加，在 2010 年河道来水量增大后，地下水位开始回升。

2. 内陆湖泊流域水资源影响

内陆干旱区湖泊流域的水资源不仅是当地社会经济发展的重要制约因素，而且是湖泊-流域生态系统赖以存在的基础。湖泊作为降水和有效降水的历史和现代记录，更能反映气候变化的空间变化和区域特征。近几十年来，由于土地资源的大规模开发，人类活动通过修筑大量水利设施拦截入湖地表径流，加剧了下游湖泊水资源的短缺，引发了湖泊萎缩、咸化甚至干涸等问题，严重危及湖泊及其相邻区域的生态环境，造成湖泊生物多样性丧失、湖滨地区荒漠化加剧。实施以湖泊流域水资源为核心的优化调控战略是改善湖泊生态环境、协调湖泊流域可持续发展和湖泊水资源可持续利用的关键。

塔河流域的多数湖泊，如博斯腾湖、台特玛湖等，由源自天山等山地的河流补给，与东部长江流域的鄱阳湖、洞庭湖、太湖等通江湖泊不同，这些湖泊拥有独立的水循环系统，流域水文情势的变化必然导致湖泊水资源发生变化。由于缺少现代监测数据，对未来湖泊及环境变化预测存在很大的不确定性。从干旱对湖泊影响的角度来认识湖泊变化，可以为未来气候条件下的湖泊演变情景提供参照，从而有助于认识我国干旱区湖泊演化趋势，预防或解决目前湖泊流域资源开发利用过程中出现的问题。

5.1.4 生态保护对策

1. 坚持流域管理原则，确保生态需水

塔里木河中、下游地区生态环境的治理是一项长期的工程，生态需水要得到保证，需要对塔里木河上、中、下游各段用水作统一规划和协调，即全流域统一协调管理，明确各区段水权及农业、生态用水量。切实强化塔里木河流域管理局的管理职能，实现真正意义上的流域统一管理。

塔里木河流域横跨 5 个地(州)和兵团 4 个师(局)，存在着利益主体多元化的情况。塔里木河流域内的各地州、兵团师既是源流区水资源的使用者，又是水资源的管理者，同时还掌握着土地开发的主动权，而塔里木河流域管理局实质上只能管理自身并不产流的干流，无法行使对源流区水资源所有权的管理，更难以对流域内水资源实施统一调度。对此，建议将塔里木河源流水资源管理纳入塔里木河流域管理体系，将源流区的阿克苏河、和田河、叶尔羌河、开都河—孔雀河等流域管理机构整建制移交塔里木河流域管理局，把塔里木河"四源一干"作为一个整体，打破水资源发生和利用过程中的多元主体边界，改变过去"区域管理强，流域管理弱"的局面。

加强土地资源管理，杜绝无节制地开荒。塔里木河流域上游三源流的用水量不断增加，主要是源流区不断开荒、灌溉面积不断增加所致。伴随大面积土地开垦，农业用水与生态用水的矛盾势必激化。因此，要制定强有力的政策措施控制其进一步扩大，切实加强对土地资源的管理，严禁随意开荒和增加灌溉面积，从源头上抓，从根本上管。对非法开荒的要坚决予以退耕还水，彻底扭转扩大规模、粗放经营、抢占水资源的局面，对非法开荒和超定额用水，实行经济处罚和高水费措施，利用经济杠杆维护合法用水，保护生态安全。

优化中游生态闸运行方式，实现中下游同步恢复，中游修筑堤防后，虽然改变了以往洪水漫溢造成的输水效率低下的问题，但在一定程度上也会对中游堤防外地下水及植被造成不利影响。针对中游堤防存在的负面生态效应，建议在每年洪水期，在保证塔里木河下游生态输水的前提下，通过现有和改建部分生态闸向中游堤防外进行分水，通过大水的自然漫溢，改善因修建堤防而引起的地下水位异常变化、水质恶化问题，重新创造胡杨种子萌发的环境，改善河岸植被生存发育状况。生态闸的运行应与植被、水土调查相结合，因地制宜，对水分条件好、地下水埋深浅的区段适当减少开闸放水次数，而优先考虑水分条件差、地下水埋深大并且植被发育较差的区段。

2. 河道输水与人工恢复措施相结合

目前生态输水还不稳定，必须通过立法和强制措施，保障永久性输水，加强对内陆河下游湖泊湿地的生态保护；强化对中上游输送符合水质要求的水量监测和管理，保护来之

不易的下游河道和湖泊的水环境，完善我国内陆河流域改善下游生态和水环境的技术系统，并推广至其他内陆河地区，为流域生态恢复提供经验和应用技术。

研究表明，单一沿线性河道进行生态输水对河岸两侧的生态系统及植被影响范围有限，而生态输水的时空局限性也限制了中、下游植被的有效恢复，因此单纯依靠自然生态系统自我设计进行恢复是不够的，尤其是针对生态环境退化严重的区段。为此，在多年研究与调查的基础上，遵循塔里木河中、下游植被演替规律，提出河道输水与人工恢复措施相结合的对策，将河道自然输水与人工提水（生态闸）相结合，扩大受水区范围，充分利用生态输水的契机，通过一定的人工生态恢复措施，辅助并加速退化生态系统进行恢复与重建，使有限生态水能够发挥最大生态恢复效益。

3. 扩大受水面积，降低生态风险

荒漠化扩大是干旱区的主要环境问题，其表现形式有非沙漠化土地退化为沙漠，固定半固定沙丘破坏演变成流动沙丘和流动沙丘向外扩展蔓延，主要是由于植被破坏、盲目开垦和河水断流、湖泊干涸。土地一旦发生沙漠化就很难逆转。要防治荒漠化扩展，宏观上需加强资源环境管理，防止资源特别是水资源利用不合理而引起的沙漠化。对已发生沙漠化和受风沙危害严重地区，要因地制宜，因害设防，以生物措施为主，配合必要的工程措施，综合防治，把沙害控制到最低限度。

从目前塔里木河下游输水情况来看，一味强调将沿河道输水以及生态水流入台特玛湖作为生态输水目标存在问题。在多次输水的作用下，输水河道被水流切割形成了相对较深的河槽，生态水在输送过程中基本无法实现自然漫溢。而仅依靠河道下渗与侧渗实现两岸植被及生态系统的恢复局限较大，并且难以实现两岸生态系统植物群落种群更新的条件。为此，需要合理利用生态水利设施，在输水过程中分段分片地实施人工洪水漫溢，切实扩大恢复区受水面积，兼顾考虑恢复区植物种群更新节律，实现生态协调，提升恢复效益，降低生态风险。

4. 保护绿洲环境，维护生态稳定

流域生态环境的好坏，很大程度上取决于水资源的利用，针对水资源利用过程中存在的浪费严重，效益不高，地域分配不平衡，水质受到污染，生态用水得不到保障等问题，必须进一步完善流域规划，加强综合治理，发展节水事业，合理布局水利工程，在技术和经济允许的条件下，大力发展山区水利枢纽工程，起龙头作用，控制整个流域，实行有计划、按需要合理配置发展生产和维护生态用水，使上中下游水量相对均衡，地表水和地下水结合利用，并防治水质盐化和污染。

人工绿洲是人类生存和发展的基地，必须大力建设。人工绿洲存在的主要问题有：土地用养失调，肥力下降；地下水位高，次生盐渍化扩大；大量施用农药、化肥和地膜，城市三废排放增加，使绿洲环境遭受污染；城市扩大和基本建设占地增加，使良田面积减少。对此，必须以农田水利建设为中心，实现灌排配套，发展节水灌溉农业。以改土培肥为基础，积极进行中低产田改造，大力提高耕地生产力；以植树造林为先导，实现农田林网化；保护耕地，节约每一寸土地；发展生态农业，按生态学原理和生态经济规律设计、

组装、调整和管理农业生产，使绿洲资源、环境和人口协调发展。

自然绿洲植被利用方向应由过去以林、牧利用为主，转变为发挥生态效益为主。近年来通过保护自然植被，乔灌木虽有一定程度恢复，但在一些地方仍被破坏，特别是盲目开荒仍相当严重。荒漠植被一旦破坏就很难恢复，必须坚决保护，全面封育，重点恢复，合理利用，并通过发展绿洲林业、牧业和人工栽培资源植物，以减轻对自然绿洲植被利用的压力。

5. 提倡多种恢复方式，发挥生态效益

塔里木河下游的应急输水以及治理措施，是改善下游"绿色走廊"生态环境的根本保障。通过应急输水，可减缓下游生态恶化的趋势，并使近河两岸的植被得到一定程度的恢复。但由于输水渠道固定，仅能通过近河岸范围地下水的恢复来保证该范围内现有的基本为成熟林与过熟林的胡杨的生存。尽管输水后取得了一定的效果，但对以胡杨为主体的下游天然林来说，仅通过输水维持其存活是不够的，只有在人为辅助干预下，促使胡杨幼林大量萌发，促进灌草植被的恢复，才能确保"绿色走廊"的坚固稳定，才能体现出塔里木河下游生态输水工程的真正价值。如采用人工补植、引水漫溢激活土壤种子库、人工漂种和萌蘖更新等恢复措施，目前已实施的示范试验也证明了综合恢复措施的成效。

虽然塔里木河中、下游多数区段已经实施了封育措施，但是居住在封育区内的本地牧民并未受到封育措施的制约，脆弱的荒漠河岸林生态系统植被以及新恢复区植被在放牧压力下难以有效恢复。因此，加强封育管理，保护自然人人工恢复植被，对于巩固整个塔里木河中、下游生态植被恢复是十分重要的。在封育管理中，可以依据具体植被发育状况考虑建立不同级别封育区，实施不同强度封育管理，在缓解当地牧民与封育管理之间矛盾的同时，实现生态效益、社会效益及经济效益的最优化。

5.2 塔里木河流域水资源脆弱性评价

5.2.1 水资源脆弱性评价模型

1. 数据来源

根据脆弱性的主导性和数据可获取性，选取降水量(mm)、地下水量(亿 m³)、水资源用水结构熵、水资源利用率(%)、亩均水资源量(亿 m³/亩)、人均水资源量(m³/人)、人均综合用水量(m³/人)以及亩均农业用水量(亿 m³/亩)8 个指标。数据来源于新疆维吾尔自治区水利厅发布的《新疆维吾尔自治区水资源公报》(2000—2020 年)。

2. 评价体系建立

脆弱性是基于"暴露-敏感性"和"适应能力"的响应机理，它是反映自然生态系统状态的一种特征属性，即受暴露影响，生态系统内部自然属性发生敏感性变化，同时系统为了应对外界干扰表现出适应能力，这些适应来自自身的改变或者社会经济的投入。所以，暴

露-敏感和适应能力模型反映了系统在自然和人为因子的共同作用下为应对失稳状态做出的应激变化,该模型在脆弱性评价中广泛应用。以暴露-敏感和适应能力模型为基础,坚持目的性和可操作性原则,构建水资源脆弱性评价体系(如表 5-9 所示)。

塔里木河流域降水稀少,作物生长对地下水量依赖性大,而冰雪融水产生的径流来水量又是农作物和居民赖以生存的基础水量,所以降水量、地下水量、亩均水资源量和人均水资源量等指标反映了系统水资源的丰缺状态。

适应能力指标表示系统和人类面临资源或环境失稳时所采取的应激改变和适应。水资源用水结构熵,反映了用水系统的无序度,表现了人类对水资源丰缺程度的适应;水资源利用率可以反映水资源开发利用的程度,该数值的大小表征人类活动用水占水资源系统水量的比例,是适应性指标的体现;人均综合用水量,是人类改善生存条件对水资源系统变化的适应;亩均农业用水量反映了农业生产规模,是人类农业活动对水资源系统的适应。

选取的指标对水资源脆弱性有不同的影响,存在正向影响和负向影响两个方面。一般情况下,正向指标会增加水资源的脆弱性,正向影响越大,水资源脆弱性越高;反之,反向指标能削弱脆弱性,具体指标的影响见表 5-9。

表 5-9 　　　　　　　　　　　　塔里木河流域水资源脆弱性评价体系

目标	框架	指　　标	含　　　义	影响
水资源脆弱性	暴露-敏感性	降水量	反映自然降水情况	反向
		地下水量	埋藏在地表以下各种形式的重力水储存情况	反向
		亩均水资源量	每亩土地面积拥有的水资源量	反向
		人均水资源量	人均拥有水资源量	反向
	适应能力	水资源用水结构熵	用水系统的均衡性	反向
		水资源利用率	人类开发利用水资源的水平	正向
		亩均农业用水量	农作物亩均用水量	正向
		人均综合用水量	人均生活生产所需用水量	正向

3. 评价方法

众多评价方法中,可以用来计算评价指标权重值的方法甚多,一般划分为两类,即主观赋权法和客观赋权法。主观赋权法主要基于主观认知来成对判断影响因子重要性,可参考专家意见或者当地研究员的实地经验,常用的层次分析法就是主观赋权的代表;客观赋权法主要依据实际数据信息的特征,结合统计学方法来分配影响因子的权重,常见的有主成分分析法、熵权法等。主观赋权法可以考虑到各地区的特殊性,根据专家的意见对不同属性指标进行重要性排序;客观赋权法基于数学理论,可以使权重分配稳定。本章的水资源脆弱性评价采用客观赋权法之一的熵权法进行权重计算。

熵权法是以信息熵理论为基础,不包含任何人为因素,可以较为客观地得出各指标的权重。熵权法比主观赋权法更能客观合理地解释计算结果，同时又比其他客观赋权法更易于运算，适用范围更广。

1）指标标准化

正向指标：
$$r_{ij} = \frac{x_{ij} - x_{i\min}}{x_{i\max} - x_{i\min}} \tag{5.1}$$

反向指标：
$$r_{ij} = \frac{x_{i\max} - x_{ij}}{x_{i\max} - x_{i\min}} \tag{5.2}$$

式中，r_{ij} 为标准化处理后的指标数值；x_{ij} 为指标的原始值；$x_{i\max}$ 是 j 指标中的最大值；$x_{i\min}$ 是 j 指标中的最小值。

2）建立决策矩阵
$$R = (r_{ij})_{m \times n} \tag{5.3}$$

式中，R 为决策矩阵；m 为研究时长（单位：年）；n 为指标的数量。

3）计算 i 指标熵值
$$H_i = -\frac{1}{\ln n} \sum_{j=1}^{n} f_{ij} \ln f_{ij} \tag{5.4}$$

$$f_{ij} = \frac{r_{ij}}{\sum_{j=1}^{n} r_{ij}}$$

式中，$i = 1, 2, \cdots, m$。

4）计算 j 指标的权重
$$W_j = \frac{1 - H_j}{n - \sum_{j=1}^{n} H_j} \tag{5.5}$$

式中，W_j 为 j 指标的权重值；H_j 为 i 指标的熵值。

5）加权线性法
$$\text{WVI} = RW_i = \sum_{i}^{m} X_{ij} W_j \tag{5.6}$$

式中，WVI 为水资源脆弱性数值，由标准化后的指标矩阵与权重值加权而得（如表5-10所示），基于以上计算得到 2000 年、2010 年及 2020 年的水资源脆弱值。

4. 评价等级划分

由于各地的脆弱性情况不一，目前没有统一的脆弱性评价标准，所以本书参照新疆地区的评价标准，结合当地研究员的实地经验，划分水资源脆弱性等级。考虑到塔河流域有些脆弱值的极端性，选取最值的前 5% 和 95% 作为最大值和最小值确定下来，然后确定每个指标的极差值，分为 5 段，选取 0.2、0.35、0.6、0.75 为水资源脆弱性划分点，具体分类为：微度脆弱 Ⅰ（WVI≤0.2），轻度脆弱 Ⅱ（0.2<WVI≤0.35），中度脆弱 Ⅲ（0.35<WVI≤0.6），重度脆弱 Ⅳ（0.6<WVI≤0.75），极度脆弱 Ⅴ（0.75<WVI）。

表 5-10 塔里木河流域水资源脆弱性评价指标数值及权重

年份	指标项		降水量 （mm）	地下水量 （亿 m³）	亩均水资源量 （亿 m³/亩）	人均水资源量 （亿 m³/人）	水资源用水结构熵 /nat	水资源利用率 （%）	人均综合用水量 （亿 m³/人）	亩均农业用水量 （亿 m³/亩）
2020	权重值		0.1137	0.1258	0.1369	0.1217	0.1209	0.129	0.1324	0.1198
	指标值	巴州	66.80	75.57	1760	10172	0.22	39.00	3965	51.83
		阿克苏	86.58	68.73	12292	3131	0.08	135.85	4253	105.77
		克州	259.25	43.87	2531	11644	0.28	17.62	2052	11.70
		喀什	74.63	80.18	12793	1750	0.16	151.12	2644	116.25
		和田	49.08	61.99	2787	5085	0.22	39.16	1992	44.77
2010	权重值		0.1153	0.127	0.1451	0.1197	0.1156	0.1317	0.1224	0.1231
	指标值	巴州	47.58	56.58	1334	8416	0.33	39.05	3286	40.90
		阿克苏	157.60	72.71	12242	2512	0.15	181.23	4552	97.50
		克州	378.55	32.14	1722	11383	0.18	13.99	1593	8.54
		喀什	148.68	66.51	11791	1559	0.10	181.46	2829	114.96
		和田	146.78	39.60	2759	4144	0.19	57.20	2371	44.73
2000	权重值		0.1144	0.1197	0.1474	0.1197	0.1203	0.1311	0.1241	0.1234
	指标值	巴州	73.18	65.67	1294	10697	0.45	33.39	3470	42.47
		阿克苏	104.70	81.24	11807	3486	0.09	129.89	4419	100.20
		克州	326.70	35.66	1590	14465	0.18	11.46	1613	7.91
		喀什	97.30	55.86	11077	1846	0.16	154.71	2750	100.70
		和田	81.53	40.14	2430	5027	0.35	45.67	2211	36.42

5.2.2 流域水资源脆弱性总体评价

过去 20 年间塔里木河流域的水资源脆弱性整体呈现增加趋势，北部及东部地区脆弱性明显增加，西南部地区脆弱性先增加后降低，脆弱性的空间分布差异比较明显。2000 年流域的水资源脆弱性主要呈现轻度 II 级脆弱，该区面积约占流域面积的 57.3%，集中分布在流域的东北部，这些地区的水资源系统相对稳定，脆弱性较低。

2010 年水资源脆弱性等级上升，脆弱性程度加深，中度 III 级的水资源脆弱区面积接近 60 万 km²，占流域面积的 64.6%，依旧是流域北部和东部地区脆弱性较西南部低，西南部的水资源脆弱达到重度 IV 级脆弱，水资源系统稳定性差。

2020 年，流域整体的脆弱性呈增加趋势，虽然西南部地区的脆弱性较前期减小了，但是重度 IV 级脆弱的面积增加了约 39%，与 2000 年相比，中度 III 级脆弱区面积也增加了 18.6%，主要表现为流域东部的巴州地区脆弱性显著增加，水资源系统受外界干扰程度高。

5.3 生态脆弱性评价

5.3.1 PSR 模型内涵

生态系统健康评价的一项重要工作就是对影响生态系统健康的相关因素进行筛选、分类，以便能够客观地描述同类影响因子内部或者非同类影响因子之间的关系，解释各类因子对生态系统健康程度的影响过程、影响结果以及调控机理。压力-状态-响应模型(PSR)能够很好地阐述自然环境所处的压力、现状与响应之间的关系。PSR 模型就"发生了什么、为什么发生、我们将如何做"这 3 个人与自然和谐共处的基本问题给出了具体答案，尤其是其创造的将评价对象自身所面临的相关压力-状态-响应指标和规范的参照标准进行对比的分析模式，得到了国内外众多学者的肯定，同时被广泛地应用在区域环境、水文水资源及天然湿地自然资源等具体环境指标体系研究中。采用 PSR 模型进行分析的优点是：研究区域的各个环境影响因子相互之间的逻辑关系明确，外界人为因素压力的干扰、研究区内部各个环境指标的变化和响应的具体措施得到了充分的分析。

在流域生态系统健康评价指标体系中引入模型可以从总体上反映自然、社会、经济子系统之间相互依存、相互制约的关系。因此，本章依据评价指标选取原则和指标体系建立原则，在总结前人研究的基础上，从塔河流域生态系统存在的实际问题出发，利用模型从压力、状态、响应三个方面建立起塔河流域生态系统健康评价指标体系。

压力-状态-响应模型是最初由加拿大统计学家 Rappor 和 Friend(1979)提出，后由经济合作与发展组织(OECD)和联合国环境规划署(UNEP)于 20 世纪八九十年代共同发展起来的用于研究环境问题的框架体系。经济合作组织根据压力-状态-响应框架，提出了国家层次的针对世界重要环境问题的指标体系，这些环境问题包括气候变化、臭氧层破坏、富营养化、酸化、有毒污染、废物、生物多样性与景观、城市环境质量、水资源、森林资源、渔业资源、土壤退化(沙漠化与侵蚀)和其他不能归结为特定问题的一般性指标等 13 个方面。针对每个问题都提出了具体的压力、状态和响应指标。PSR 模型使用"原因-效应-响应"这一逻辑思维体现了人类与环境之间的相互作用关系。人类通过经济和社会活动从自然环境中获取其生存繁衍和发展所必需的资源，通过生产、消费等环节又向环境排放废弃物，从而改变了自然资源存量与环境质量，而自然和环境状态的变化又反过来影响人类的社会经济活动和福利，社会进而通过环境政策、经济政策和部门政策对这些变化作出反应。如此循环往复，构成了人类与环境之间的压力-状态-响应关系。

PSR 框架指标体系能较好地反映人类活动、环境问题和政策之间的联系，该框架体系倾向于认为人类活动和生态环境之间的相互作用是呈线性关系的，这种观点与生态系统与环境-经济相互作用具有复杂性的观点并不矛盾。该体系以环境生态资源面的"状态"来呈现环境恶化或改善的程度，经济与社会面的"压力"来探讨对环境施压的社会结构与经济活动，政策与制度面的"响应"来反映制度响应环境生态现况与社会经济压力的情形。它区分了三种类型指标，即环境压力指标、环境状态指标和社会响应指标，结构如图 5-4 所示。其中，压力指标表征人类的经济和社会活动对环境的作用，如资源索取、物质消费以及各种产业运作过程所产生的物质排放等对环境造成的破坏和干扰，与生产消费模式紧密相关，包括直接压力指标（如资源利用、环境污染）和间接压力指标（如人类活动、自然事件），它能反映"状态"形成的原因，同时也是政策"响应"的结果；状态指标表征特定时间阶段的环境状态和环境变化情况，包括生态系统与自然环境现状，人类的生活质量和健康状况等，它反映了特定"压力"下环境结构和要素的变化结果，同时也是政策"响应"的最终目的；响应指标包括社会和个人如何行动来减轻、阻止、恢复和预防人类活动对环境的负面影响，以及对已经发生的不利于人类生存发展的生态环境变化进行补救的措施，如法规、教育、市场机制和技术变革等，它反映了社会对环境"状态"或环境变化的反应程度，同时也为人类活动提供政策指导。

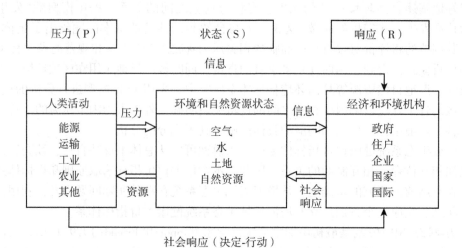

图 5-4　OECD 的压力-状态-响应（PSR）环境指标框架

5.3.2　PSR 模型优势

PSR 模型符合脆弱评价的要求，具有清晰的人与自然相互作用的因果关系，在生态评价方面应用广泛。相对于其他方法和模型，PSR 模型在建立生态系统评价指标体系上具有一定的优势，其作用主要体现在以下几个方面：

（1）综合性：同时面向人类活动和自然环境。基于复合生态系统的特征，我们在评价和管理工作中就要充分运用整体、协调、循环再生的生态学原理，有意识、有目的地使社会、经济、环境三个子系统的转运功能互相协调、互相补充、互相利用，以获得最大的社会效益、经济效益和生态环境效益，从而实现复合生态系统的可持续发展。

PSR 模型能抓住复合生态系统中"社会-环境-自然"相互关系的特点，体现出不同生态系统间的共性，从社会经济和环境的因果关系中反映出生态系统的状况。同时，其因果关系为管理者提供了科学的数据和思路，揭示了生态系统的内部机理，也反映了管理者的最终目标。

（2）灵活性：适用于描述较大时空尺度的环境现象。流域生态系统是一个动态发展的生态系统，加上生态过程存在一定的迟滞效应，因此仅对生态系统某一特定时期的状态进行评价不能全面地反映河流生态系统的实际状况。PSR 模型是一个动态模型，具有易调整性。在实际评价工作中可以针对具体情况在时空尺度上进行扩展，对模型进行调整以说明某些更具体的问题。

（3）因果关系：强调了经济运作对生态系统的影响。PSR 模型从河流生态系统退化的原因出发，通过压力、状态和响应三方面指标把相互间的因果关系充分展示出来，同时每个指标都能进行分级化处理形成次一级子指标体系，这三个环节正是决策和制定对策措施的全过程。依据 PSR 模型建立的指标体系更注重指标之间的因果关系及其多元空间联系。

本章利用 PSR 模型的因果关系建立塔河流域生态系统评价指标体系（表 5-11），分析生态环境与人类活动的相互作用以及生态状况。

表 5-11　　　　　　　　　　　塔里木河流域生态脆弱性评价指标体系及其权重

目标	准则层	说明	权重	指标（影响）	权重	计算方法及说明
塔里木河流域生态脆弱性	压力	人类活动对生态系统造成的影响	0.1742	人口密度（+）	0.0337	人口/土地面积，流域人口的密集程度
				废水排放量（+）	0.0281	反映流域的水污染程度
				土地垦殖率（+）	0.1124	耕地面积/土地面积，农业活动对土地资源的开发利用
				绿地覆盖率（−）	0.1887	反映植被对流域生态环境变化的抗干扰和缓冲能力
	状态	自然系统内各种因素长期作用结果	0.4719	人均水资源量（−）	0.0624	水资源总量/人口数量，反映水资源的供给能力
				降水量（−）	0.0478	流域降水条件
				≥10℃年积温（+）	0.0668	流域温度对生物有机体生长发育的影响
				干燥度（+）	0.1061	蒸发量/同期降水量，描述综合地热条件
	响应	人类对于生态破坏问题采取的对策与措施	0.3539	人均 GDP（−）	0.0455	GDP/人口数量，反映经济对环保的资金支持度
				农业依赖度（+）	0.0959	农业产值/GDP，传统农业活动对生态系统变化的响应
				生态用水率（−）	0.1821	生态用水量/总用水量，流域对生态系统的维护程度
				文化程度（−）	0.0304	具有初中以上文化居民的比例，生态规划与建设的可能

5.3.3　指标权重计算

根据专家意见，采用 AHP 和 Delphi 方法确定每个级别指标的相对重要性，判断矩阵随机生成的概率。利用一致性指数 KI 和一致性比率 KR 验证相一致性：

$$KI = \frac{\lambda_{max} - n}{n - 1}, \quad KR = \frac{KI}{RI} \quad (5.7)$$

式中，RI 是一致性指数的平均值；λ_{max} 是主要的特征值矩阵；n 是矩阵的阶数。只有 KR 值低于 0.1，才是一个合理的一致性水平。本章 KR 的最大值为 0.01，可以接受。每个级别内指标的相对重要性等级顺序参考相关研究，采用配对比较的方法对指标的重要程度做出排名，自然状态对于塔里木河流域生态的影响是最主要的，随之采取的生态恢复措施对降低生态脆弱性的影响显著。

5.3.4　指标标准化及生态脆弱性指数

运用极差标准化方法对原始数据无量纲化。选取的指标对脆弱性有正向和负向影响，正向影响是脆弱性随着评价指标值增大而增加，易造成生态破坏；负向影响是脆弱性随着评价指标减小而增加，可以改善生态环境，采用不同处理计算公式如下：

正向评价指标：

$$Z_i = \frac{X_i - X_{min}}{X_{max} - X_{min}} \quad (5.8)$$

负向评价指标：

$$Z_i = \frac{X_{max} - X_i}{X_{max} - X_{min}} \quad (5.9)$$

$$EVI = \sum_{i=1}^{n} Z_i \times W_i \quad (5.10)$$

式中，Z_i 是第 i 个指标的标准化处理后的无量纲值；X_i 是第 i 指标的实际数值；EVI 为生态脆弱度数值，值越高，生态环境越脆弱；W_i 为模糊分析法得出的指标权重。

根据研究区的生态特征，将生态脆弱度划分为 4 个等级，即脆弱度不小于 0.65 的定义为极度脆弱区Ⅳ；0.5~0.65 为重度脆弱区Ⅲ；0.4~0.5 为中度脆弱区Ⅱ；小于 0.40 的为轻度脆弱区Ⅰ。

为更加直观地对 EVI 进行度量和比较，采用能定量反映地区生态综合脆弱程度的指标 EVSI，利用乘算模型计算如下：

$$EVSI = \sum_{i=1}^{m} P_i \times \frac{A_i}{S} \quad (5.11)$$

式中，EVSI 为生态脆弱性综合指数；P_i 为等级 i 的脆弱度赋值，轻度脆弱区Ⅰ赋值 1，中度脆弱区Ⅱ赋值 2，重度脆弱区Ⅲ赋值 3，极度脆弱区Ⅳ赋值 4；A_i 为等级 i 脆弱性面积；S 为流域总面积。

变化斜率法是采用最小二乘法逐个对地区的 EVI 值与时间进行回归拟合，用来模拟生态脆弱性的年际变化。斜率计算公式如下：

$$X = \frac{n \times \sum\limits_{i=1}^{n} i \times \mathrm{EVI}_i - \left(\sum\limits_{i=1}^{n} i\right)\left(\sum\limits_{i=1}^{n} \mathrm{EVI}_i\right)}{n \times \sum\limits_{i=1}^{n} i^2 - \left(\sum\limits_{i=1}^{n} i\right)^2} \qquad (5.12)$$

式中，X 为变化斜率；n 为时间年数；EVI_i 为第 i 年的生态脆弱性指数值。变化趋势显著性检验采用 F 检验，根据 EVI 的变化趋势和显著性水平，将其分为 3 类：显著增加($X >$ 0，$P \leq 0.05$)、显著降低($X < 0$，$P \leq 0.05$)和变化不显著($P > 0.05$)。

5.3.5 基于 PSR 的生态脆弱性评价

1. 生态脆弱性时空分布特征

塔里木河流域 2000—2023 年生态脆弱性指数 EVI 标准化平均值为 0.538，总体处于重度脆弱区阶段。2000 年流域生态情况整体较好，处于轻度脆弱段，中度脆弱集中在重农抑生态的阿克苏地区；2010 年生态破坏加重，处于中度脆弱段，干流区下游巴州地区生态已呈现重度脆弱；2023 年整个塔河流域生态已遭严重破坏，生态极度脆弱地区占总面积的 68.92%，主要集中在高度开发的叶尔羌河流域的喀什地区和干流区。

将脆弱性等级赋值后，计算不同脆弱性等级面积，得到 2000—2023 年塔河流域生态脆弱性综合指数(EVSI)，EVSI 最小值为 2000 年的 1.14，之后 EVSI 值波动上升，2010 年 EVSI 上升到一个峰值 3.07，生态急剧破坏，随后逐年递增，到 2023 年 EVSI 达到近 10 年的最大值 3.69，生态状况极差。根据 2000—2023 年塔河流域不同地区的多年 EVSI 平均值，比较各地区 EVSI 的差异性。流域 EVSI 总体呈现由西向东递增的趋势。位于塔河干流的巴州地区 EVSI 值最高，为 2.73，阿克苏地区、克州和喀什地区的 EVSI 低于 2.5，位于源流区的和田地区 EVSI 最低，为 2，生态情况较流域其他地区稳定。

2. 生态脆弱性时空分布原因分析

2000 年的 EVSI 值为 1.14，生态处于较低脆弱水平，流域处于经济发展的初期，有较为充足的水资源维护生态环境，生态系统结构功能受人为干扰影响比较少。"十一五"建设期间(2006—2010 年)，自然和人为脆弱因子随经济社会的发展发生显著变化，产生的一系列连锁的社会和生态效应使得生态脆弱性显著增加，致使 2010 年生态环境达到极度脆弱水平，后采取一定的生态恢复措施。进入"十二五""十三五"建设期(2011—2020 年)，西部大开发的纵深发展使得流域工业发展迅速，但高投入低产出的生产方式使得污染排放量急增，水资源供需矛盾突出，生态用水量急剧减少，生态脆弱性加剧。此阶段社会迅速发展，人口数量增加，截至 2023 年末达到高峰 1147.23 万，土地被大量占用，未利用土地面积锐减。人类活动的恶性干扰使得流域生态抵御能力迅速降低，生态环境严重恶化。

3. 生态分区恢复与发展的建议

为响应国家建设生态文明的号召，促进评价结果在当地生态恢复中的实际应用，本章结合生态脆弱性等级和年际变异度差异，针对不同分区的治理提出了一些建议（如表 5-12 所示），划分了缓冲区、恢复区和重点保护区三个分区，以实现保护生态环境和发展经济的有机统一。

表 5-12   塔里木河流域不同脆弱区的生态利用控制

分 区	地 区	生态脆弱等级	主要控制因素	治理建议
缓冲区	巴州北部 阿克苏西部	轻度Ⅱ脆弱性	耕地面积、植被覆盖率	严格控制资源开发，发展特色果林
恢复区	和田地区 喀什地区 阿克苏东部 及巴州中部	中度Ⅲ脆弱性	耕地面积、植被覆盖率和人口数量	恢复生态系统、提高农业单产量
重点保护区	巴州东南部 及克州西部	中度Ⅲ脆弱性、变化差异度显著	耕地面积、植被覆盖率及水资源量	严格禁止土地开发、增加生态用水量

生态缓冲区：充分利用水资源，发展"水生态+扶贫"模式，培育特色林果产业，发展生态旅游业。该区生态环境处于轻度Ⅱ级脆弱性，面积占塔里木河流域的 14.56%，分布在流域北部，阿克苏河和孔雀河附近，属于自然资源丰富的地区。流域以蔬果业和棉花种植业著称，需要立足于这一特色农业，创新并利用生态输水这一工程，实现水的经济价值。但是经济的发展还需以加大生态保护力度为基础，鉴于该流域干旱的特性，需要根据水资源利用情况进行产业结构调整，保证充分的生态用水。此外，可以考虑发展生态旅游新产业，这些地区自然风景优美，民俗风情和宗教文化浓郁，是观光旅游胜地，此举不仅能增加居民的收入，还可以逐渐弱化传统产业的发展，减少污染，实现环保。

生态恢复区：提高农业单产，形成生态补偿和奖励机制。该区生态环境处于中度Ⅲ脆弱性，占流域总面积的 51.31%，耕地面积广大，农业活动强度高。这些地区少数民族人口众多，他们深受传统自给自足耕作观念的影响，环保意识不强，需要进行适当的引导和鼓励。增加农业技术资金投入，鼓励发展生态农业技术，推广创新农田绿色技术、转化科技成果，改良中低产田，大力推广节水灌溉技术，加大节水灌溉面积，降低农业用水的浪费。同时借助媒体资源，对农业高产、生态保护的先进个人进行物质奖励和宣传，既促进了农业单产提高，也提高了人们自觉保护生态环境的主动性。

重点生态保护区：控制土地开发规模，加大退耕还草力度。该区分布于流域的最东面和最西面，处于中度Ⅲ级生态脆弱性，脆弱性年际差异度显著增加。虽然近年来流域的植被覆盖实现了增长，但是土地开发-退化的循环怪圈普遍存在这些地区，所以要因地制宜栽种抗旱的植被，坚持林、灌、草相结合的原则，加大干流植被的保护和生态经济林的建设，进行有效的封沙育林育草以固定流沙，同时治理盐碱化，提高土地的寿命和利用效率。

由于环境保护立法正处于实施之初，地方政府应重视并落实一系列生态法规和法律，构建有效的公共监督体系，以增强人们的生态保护意识。

5.4　本章小结

基于塔里木河流域的生态现状和生态演变，在遵循生态保护的原则下，本章分析了塔里木河流域在社会经济快速发展下水资源利用特征变化，揭示了塔里木河流域生态脆弱性的时空分布规律。在构建脆弱性评价体系的基础上，对各地区的生态脆弱性进行了评价，并提出了针对不同生态脆弱分区生态恢复和发展的建议。本章的主要结论如下：

（1）塔里木河流域水资源脆弱性总体呈现中度Ⅲ脆弱等级；脆弱性空间分布呈现西南高东北低，源流区的水资源脆弱性显著高于干流区，其中和田地区脆弱性最大，高至重度Ⅳ脆弱区上边界，地下水存量和用水结构的合理性对其水资源脆弱性影响较大。

（2）基于压力-状态-响应（PSR）模型，构建了塔里木河流域生态脆弱性的时空分布格局，评估了塔里木河流域生态脆弱性的动态变化，并分析了生态脆弱性时空分布的成因，为塔河流域生态分区的恢复与建设提供了重要指导意义。塔里木河流域2000年流域生态情况整体较好，处于轻度脆弱段，中度脆弱集中在重农抑生态的阿克苏地区；2010年生态破坏加重，处于中度脆弱段，干流区下游巴州地区生态已呈现重度脆弱；2023年整个流域生态已遭严重破坏，生态极度脆弱地区占总面积的68.92%，主要集中在高度开发的叶尔羌河流域的喀什地区和干流区。

第6章 塔里木河下游生态输水累积
时空响应分析

塔里木河流域历史上曾有包括开都河—孔雀河、渭干河和车尔臣河在内的九大水系汇入。自 20 世纪 50 年代以来，由于不合理的水资源开发配置，区域内天然降水量和蒸发量悬殊，无地表径流补给，流域内水资源量锐减，下游河道断流，地下水位大幅降低，严重破坏了维系地下水与植被正常生长的条件，流域生态环境不断恶化。因而，中央和地方政府于 2000 年 5 月，分期实施了对塔里木河下游的生态输水工程，截至 2023 年底，共计输水 23 次，台特玛湖已形成历史最大水面，超过 500km^2。

本章采用经验统计模型分析监测断面地下水位对生态输水的累积时空响应，结合克里金插值法计算研究区夏季 6—8 月的 NDVI 变化率，分析 NDVI 与累积生态输水量的相关关系，明晰输水前后植被的变化，描述累积生态输水情况下地下水位和植被的时空变化规律，初步探讨并揭示了地下水位和植被变化对生态输水的累积响应，以期为今后塔里木河流域生态恢复建设提供依据，对今后实施塔里木河下游生态输水工程具有参考价值。

6.1 经验统计模型

6.1.1 数据来源

本章数据包括 30m×30m 的 DEM 数据、土地利用数据，来源于地理空间数据云（http://www.gscloud.cn/），塔里木河干流及各支流主要站点的气象资料来源于国家气象信息中心-中国气象数据网，包括 2001—2023 年的气象站逐日降雨、蒸发量数据、日平均温度、最高温度及最低温度、平均风速和日照时间等。水文数据来自塔里木河流域管理局提供的 1956—2023 年的三源流及干流各水文站的逐日径流资料，地下水资料来自塔里木河流域干流水利管理中心提供的 2004—2023 年地下水埋深数据。

6.1.2 Pearson 相关分析

线性相关性（linear correlation）又称简单相关（simple correlation），用来度量具有线性关系的两个变量之间的相关关系的密切程度及其相关方向，适用于双变量正态分布数据。线性相关系数，又称简单相关系数、Pearson 相关系数（pearson correlation coefficient）或相关系数，有时也称积差相关系数（coefficient of product-moment correlation），用来衡量两个数据集合是否在一条线上，即衡量定距变量间的线性关系。

Pearson 相关系数的公式如下：

$$\rho_{X,\,Y} = \text{corr}(X,\,Y) = \frac{\text{cov}(X,\,Y)}{\sigma_X \sigma_Y} = \frac{E\left[(X - \mu_X)(Y - \mu_Y)\right]}{\sigma_X \sigma_Y} \qquad (6.1)$$

其中，协方差公式为

$$\text{cov}(X,\,Y) = \frac{\sum_{i=1}^{n} (X_i - \bar{X})(Y_i - \bar{Y})}{n - 1} \qquad (6.2)$$

相关系数的绝对值越大，相关性越强；即相关系数越接近于 1 或 -1，相关度越强，相关系数越接近于 0，相关度越弱。

通常情况下通过以下相关系数取值范围判断变量的相关强度：0.8~1.0：极强相关；0.6~0.8：强相关；0.4~0.6：中等程度相关；0.2~0.4：弱相关；0.0~0.2：极弱相关或无相关。

6.1.3 Spearman 相关分析

Spearman 等级相关系数又称秩相关系数，是利用两变量的秩次大小作线性相关分析，对原始变量的分布不作要求，属于非参数统计方法，适用范围更广。Spearman 相关系数相当于 Pearson 相关系数的非参数形式，被定义成等级变量之间的皮尔逊相关系数。对于样本容量为 n 的样本，n 个原始数据被转换成等级数据，相关系数 ρ 的计算公式为

$$\rho = \frac{\sum_{i=1}^{n} (x_i - \bar{x})(y_i - \bar{y})}{\sqrt{\sum_{i=1}^{n} (x_i - \bar{x})^2 (y_i - \bar{y})^2}} \qquad (6.3)$$

实际应用中，变量间的联结是无关紧要的，于是可以通过简单的步骤计算被观测的两个变量的等级的差值，则 ρ 为

$$\rho = 1 - \frac{6 \sum_{i=1}^{n} d_i^2}{n(n^2 - 1)} \qquad (6.4)$$

Spearman 相关系数根据数据的秩而非数据的实际值计算，适用于有序数据和不满足正态分布假设的等间隔数据。Spearman 相关系数的取值范围也在 (-1, 1) 之间，绝对值越大相关性越强，取值符号也表示相关的方向。对于服从 Pearson 相关系数的数据亦可用 Spearman 相关系数计算，但统计效能偏低。

6.1.4 Kendall 相关分析

Kendall 秩相关系数是对两个有序变量或两个秩变量之间相关程度的度量统计量，因此也属于非参数统计范畴。与 Spearman 相关系数的区别在于某一比较数据需要有序，在有序情况下其计算速度比 Spearman 要快。

设有 n 个统计对象，每个对象有两个属性，将所有统计对象按属性 1 取值排列，不失一般性，设属性 2 取值的排列是乱序的。设 P 为两属性值排列大小关系一致的统计对象对数，则 Kendall 相关系数的计算公式如下：

$$R = \frac{P - \left[\dfrac{n \times (n-1)}{2} - P\right]}{\dfrac{n \times (n-1)}{2}} = \frac{4P}{n \times (n-1)} - 1 \tag{6.5}$$

Kendall 相关系数的定义为 n 个同类的统计对象按特定属性排序,其他属性通常是乱序的。同序对(concordant pairs)和异序对(discordant pairs)之差与总对数 $n(n-1)/2$ 的比值定义为 Kendall 系数。

6.2　监测井分布概况

塔里木河流域受气候变迁和人类活动等因素影响,目前干流主要由与其有直接地表联系的阿克苏河、叶尔羌河与和田河汇入,最终注入台特玛湖。

研究区位于塔里木河干流下游,包括大西海子水库至台特玛湖区间河段,该河段流域以东与库鲁克沙漠相连,以西毗邻塔克拉玛干沙漠,穿过两沙漠之间的狭长冲积平原。低洼的地形地势和干燥的气候条件造就了其典型的干旱荒漠特征——降水稀疏,蒸发强烈,年均潜在蒸发量高达年均降水量的百余倍,因此,该区域植被生长的水分几乎无一例外地来源于地下水。

研究区自大西海子水库起分为北支其文阔尔河和南支老塔里木河,至阿拉干断面处两河交汇成为干流注入台特玛湖。为更好地监测生态输水前后下游地下水埋深变化,采用塔里木河管理局布设的自动化生态监测井提供的地下水埋深数据。沿大西海子水库至台特玛湖河道间隔 60km、68km、92km、48km 和 35km 依次布设英苏/老英苏、喀尔达依/博孜库勒、阿拉干、依干不及麻和库尔干 7 个生态监测断面,41 个生态监测井垂直于河道布设于监测断面上。英苏监测断面垂直于河道方向分别布设 F1~F5 号监测井于其文阔尔河,老英苏监测断面垂直于河道方向分别布设 F6~F11 号监测井于老塔里木河,其中 F5 与 F6监测井之间间隔 2 km;喀尔达依监测断面垂直于河道方向分别布设 G1~G6 号监测井于其文阔尔河,博孜库勒监测断面垂直于河道方向分别布设 G7~G12 号于老塔里木河,其中G6 和 G7 两井相距 10 km;阿拉干、依干不及麻和库尔干监测断面均垂直于河道方向分别布设 H1~H6 号、I1~I6 号和 J1~J6 号监测井,各监测断面监测井距河道距离见表 6-5。监测井每 4 小时自动记录一次数据,包含地下水埋深、温度、矿化度等监测数据。

用于研究生态输水前后植被覆盖度变化的数据来源于 http：//www.gscloud.cn 地理空间数据云的 MODIS 中国合成产品,坐标系为 WGS1984,由 MODND1D 计算合成的 500 m空间分辨率的月尺度 NDVI 归一化植被指数产品。

将各监测断面地下水位数据取日时段平均值得到地下水日埋深,计算得到各监测井及监测断面旬、月、年平均地下水位;对下游研究区河道及其附近的 NDVI 数据进行平均值和变化率计算处理。为研究累积生态输水量与地下水位及其与 NDVI 的相关关系,采用2014—2023 年恰拉监测断面的逐日监测流量作为大西海子水库下泄的来水量,将生态输水量按比例生成输水期内的水文随机序列。

6.3　地下水位的累积时间响应

6.3.1　下游断面地下水位年变化

1. 年际变化

根据 2014—2023 年地下水埋深数据，计算各监测断面年平均地下水位并取平均值，采用下游研究区域各监测断面的平均地下水位代表下游河道的地下水位，结果如表 6-1 所示；对下游河道年均地下水位进行趋势拟合，如图 6-1 所示。由表 6-1 和图 6-1 可知，地下水对 7 次生态输水响应直观反映为下游各监测断面及下游河道整体地下水位的抬升，呈相对平稳的上升态势，整体上升趋势系数为 0.2106，英苏/老英苏、喀尔达依/博孜库勒、阿拉干、依干不及麻和库尔干 5 个生态监测断面趋势系数分别为 0.131、0.338、0.083、0.178、0.262。这是生态输水下泄的地表水对地下水累积补给的结果。期间，塔里木河下游河道多年平均地下水位达到 −5.363m；目前经过生态输水，各监测断面平均地下水位均在−6m 以上，已达到植被正常生长所需的合理地下水位，如表 6-1 所示。绘制累积输水量对应下的塔里木河下游河道月平均地下水位变化图，当输水量较大、输水持续时间较长时，地下水位持续平稳抬升，当输水量较小、输水间隔时间较长时，地下水位急剧回落，伴随输水量的累积，间歇输水时即便输水量较小地下水位也会出现抬升。研究结果表明累积输水效应下，输水量维持在较小范围内地下水位也会爬升。下泄流量和输水间隔对地下水位的抬升、回落速率有至关重要的影响，由图中各段斜率可知地下水位在累积输水量 20.07 亿 m^3（1.901 m/月）和 24.76 亿 m^3（1.522m/月）时抬升效率最佳。

表 6-1　　　塔河下游各监测断面及河道 2014—2023 年年平均地下水位　　　（单位：m）

监测年份	英苏	老英苏	喀尔达依	博孜库勒	阿拉干	依干不及麻	库尔干	下游河道
2014 年	−5.494	−7.108	−6.283	−5.8973	−6.451	−5.666	−6.189	−6.155
2015 年	−4.244	−6.136	−7.1006	−5.519	−5.293	−4.687	−5.203	−5.455
2016 年	−4.647	−6.227	−6.1422	−4.609	−5.531	−4.483	−3.897	−5.077
2017 年	−6.131	−6.867	−5.4420	−3.572	−6.170	−4.436	−3.492	−5.159
2018 年	−6.716	−8.013	−6.0596	−3.422	−7.071	−4.821	−5.178	−5.898
2019 年	−5.182	−5.280	−5.9634	−3.081	−5.279	−4.347	−2.460	−4.513
2020 年	−4.315	−4.829	−5.5601	−2.665	−5.171	−4.122	−5.140	−4.543
2021 年	−4.347	−6.342	−6.0235	−4.452	−5.531	−4.384	−3.845	−5.245
2022 年	−4.375	−6.876	−6.3245	−4.786	−5.123	−4.123	−3.452	−5.232
2023 年	−5.345	−5.786	−5.7867	−3.124	−5.452	−4.354	−2.856	−4.763
多年平均	−5.080	−6.346	−6.283	−3.914	−5.707	−4.542	−4.171	−5.204

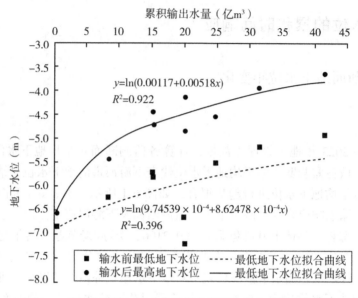

图 6-1　累积输水量与输水前后最低最高水位关系拟合曲线图

2. 年内变化

库尔干断面是研究区最后一个断面，经长距离输水，其地下水位变化具有典型性，下游河道平均地下水位在时间跨度较长、输水时间间隔较短的月份有明显抬升，输水强度大时地下水位抬升量较大，且非输水期时回落幅度小，输水强度小时地下水位有明显的波动，但从 7 次生态输水工程整体来看，生态输水对地下水的补给作用较显著，下游河道地下水抬升明显，地下水位呈逐年上升趋势。库尔干监测断面地下水位月变化趋势同下游河道变化趋势基本一致，各次输水期起始时段地下水位仍有小幅回落，约半月过后出现明显抬升，反映出地表水对地下水补给的延迟现象。

输水过程中，地下水经历了输水初始阶段快速抬升时期和输水中后阶段平稳抬升时期。地下水补给存在滞后效应，输水开始时地下水位仍保持一定的下降趋势，输水结束后地下水位仍保持一定的上升趋势，这种"保持"状态的持续时间反映了河道过水对地下水补给的下渗速率，二者呈负相关。河道无泄水补给时，地下水位下降较快，尤其在 6—8 月河流汛期，虽有冰川融水补充，但强烈的蒸发及植被利用使得地下水耗散较快，生态输水在一定程度上减缓了该时段地下水位的下降趋势。为确保下游河道维持植被正常生长所需的合理地下水位，生态输水应结合径流模拟，当夏季天然径流来水量少时通过外来调水弥补下泄水量的不足。

6.3.2　下游地下水位与累积生态输水量关系

采用经验统计模型，对所研究的各次生态输水量和输水期内逐日地下水位进行 Pearson、Kendall 和 Spearman 相关分析，相关系数见表 6-2；分别对累积生态输水量与输水期内逐日地下水位及输水不同天数后地下水位之间的关系进行相关性对比分析，所得 Pearson、Kendall 和 Spearman 相关系数见表 6-3，表中的相关关系均已通过 95% 的置信区间检验。

由表 6-2 和表 6-3 可知，各次生态输水量与输水期地下水位存在参数正相关关系，即 Pearson 正相关关系，但相关性较弱，仅有 0.129，非参数相关关系即 Kendall 和 Spearman 相关关系十分微弱。同各次输水量与地下水位的相关关系相比，累积生态输水量与输水不同天数后地下水位的正相关性更加显著，从输水期起至输水 10～60 天后，其 Pearson、Kendall 和 Spearman 相关系数均呈逐渐增加趋势。累积输水量与输水期地下水位之间为显著正相关，但相关性不强；输水 15 天后各相关关系显著；在输水 50 天后相关性最显著，其 Pearson、Kendall 和 Spearman 相关系数分别达到了 0.609、0.612 和 0.738。地下水位对生态输水的累积响应自输水期起至输水后两个月都十分明显，且对生态输水的累积响应具有明显的滞后性。据此推荐合理的输水时间应选在植被生长季节前 1～2 个月。

表 6-2　　　　　　　　　　各次生态输水量与输水期地下水位的相关关系

各次生态输水量	地下水位
Pearson 相关	0.129**
Kendall 相关	0.038
Spearman 相关	0.079*

注：** 表示在 0.01 水平（双侧）上显著相关；* 表示在 0.05 水平（双侧）上显著相关。

表 6-3　　　　　　　累积生态输水量与输水不同天数后地下水位的相关关系

累积生态输水量	地下水位	15 天后	30 天后	45 天后	50 天后	55 天后	60 天后
Pearson 相关	0.498**	0.522**	0.565**	0.604**	0.609**	0.602**	0.598**
Kendall 相关	0.492**	0.524**	0.557**	0.612**	0.612**	0.595**	0.589**
Spearman 相关	0.585**	0.623**	0.660**	0.730**	0.738**	0.729**	0.726**

注：** 表示在 0.01 水平（双侧）上显著相关。

以旬为单位，计算资料长度区间内各监测断面的旬平均地下水位，取历次输水前后各监测断面出现的最低地下水位和最高地下水位，以各监测断面的最低、最高地下水位的平均值作为输水前后的最低地下水位和最高地下水位，拟合与累积生态输水量的对数曲线图，如图 6-1 所示，分析生态输水量对最高地下水位的累积效应。随着生态输水量的递增，塔里木河下游生态输水前出现的最低地下水位与输水后出现的最高地下水位均呈递增态势，但递增速率逐渐减小。累积生态输水量与最高地下水位的正相关性十分显著，其拟合优度 R^2 高达 0.9107，但与最低地下水位之间的相关性不明显，拟合优度只有 0.3098。研究结果表明输水量对塔里木河下游河道的地下水具有显著的补给作用，而输水停止后地下水位的降低并不显著；但地下水位的抬升量并非随生态输水量的递增无限增大，在某一输水量区间地下水抬升量将变得不再明显，地下水位增长减缓，逐渐趋于某一稳定数值，累积效应增长减缓，输水效益减弱，此时进行过量输水会导致水资源的浪费。生态输水量的累积效应增速随着输水量的累积由大减小，直至渐趋平稳，累积效应的效率先增后减，地下水位对累积生态输水量的响应也由强逐渐减弱。表明通过压缩输水量，保持累积效应的增长性是可行的。

确定合理输水区间进而确定合理生态输水量对实现塔里木河流域水资源的高效配置具有重要意义。随着间歇生态输水工程的实施，最低地下水位也逐渐呈上升趋势，输水成效显著。对输水后最高地下水位拟合曲线进行外延，分别间隔不同输水量进行地下水位计算，最终获得累积效应较好的输水量区间为 2.5 亿~5.0 亿 m^3/次，连续 5 次输水后，平均地下水位区间为 -4.47~-4.44m。

6.4　地下水位的累积空间响应

6.4.1　沿河道方向地下水位变化

计算各监测断面 2014—2023 年各输水时期年平均地下水位，并计算出现的最高地下水位及多年平均地下水位与 2010 年平均地下水位之差，分别得到如图 6-2 所示的地下水位最大抬升量和平均抬升量。地下水位抬升稳定性、依干不及麻断面>阿拉干断面>喀尔达依/博孜库勒断面>英苏/老英苏断面>库尔干断面。从大西海子水库下泄的水量分别流入其文阔尔河道和老塔里木河道，老塔里木河道由于断流及河道受损等原因，下渗效率不高，故英苏/老英苏断面抬升量最小；至阿拉干断面处汇合，阿拉干断面接受了双河道的下泄水量，抬升量有所升高；库尔干断面由于距离台特玛湖较近，随着台特玛湖湖面逐渐扩大，其地下水受上游河道及湖水补给抬升量较大。

根据表 6-3 可知，输水 50 天后地下水位对累积生态输水量的响应最显著，取各监测断面输水 50 天后的地下水位与累积生态输水量，采用经验统计模型进行分析，所得结果列于表 6-4。注意到喀尔达依/博孜库勒和阿拉尔监测断面输水 50 天后地下水位与累积生态输水量相关性不如其他断面的相关性显著，分别取输水 5 天、10 天、15 天、20 天、25 天、30 天、35 天、40 天、45 天、50 天、55 天、60 天后的地下水位，与累积生态输水量进行相关性对比分析，发现喀尔达依断面输水时期累积生态输水量与地下水位相关性最高，Pearson、Kendall 和 Spearman 相关系数分别达到了 0.584、0.440 和 0.661；阿拉干断面输水 30 天后累积生态输水量与地下水位相关性最高，Pearson、Kendall 和 Spearman 相关系数分别达到了 0.843、0.761 和 0.890。由表 6-4 可知，累积生态输水量在输水 50 天后对英苏/老英苏、依干不及麻和库尔干监测断面地下水位的影响呈极显著正相关关系，各相关系数均达到 0.6 以上。推测造成喀尔达依/博孜库勒监测断面对生态输水累积响应不明显的原因为：该监测断面部分监测井地下水位数据无效、缺失致使数据长度有所缺损，地质条件和河道沿程损耗等导致相关性分析误差较大。

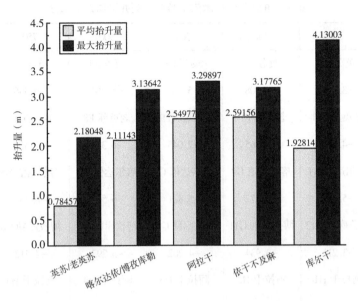

图 6-2 各监测断面 2014—2023 年地下水位抬升量

表 6-4   累积生态输水量与输水 50 天后监测断面地下水位的相关关系

累积生态输水量	英苏/老英苏断面	喀尔达依/博孜库勒断面	阿拉干断面	依干不及麻断面	库尔干断面
Pearson 相关	0.831 *	0.461 **	0.409 **	0.851 **	0.913 **
Kendall 相关	0.747 **	0.250 **	0.717 **	0.732 **	0.667 **
Spearman 相关	0.907 **	0.386 **	0.842 **	0.902 **	0.855 **

注：** 表示在 0.01 水平（双侧）上显著相关。

6.4.2 垂直河道方向地下水位变化

为探究塔里木河下游地下水位在垂直河道方向对生态输水的响应，将各监测井分别按距河道由近到远的次序列出，计算 2014—2023 年年平均地下水位，如表 6-5 所示。由表 6-5 可知，随着距河道距离的增加，各监测断面的监测井地下水位逐渐下降，距离河道最近的监测井所测地下水位最高，距离河道最远的监测井所测地下水位最低。地下水的响应宽幅随离河道距离的增加而减弱，这是因为生态输水过水后，地表水对河道两岸地下水的补给能力是有限的，这种补给能力随距河道垂直距离的增加而减弱，在靠近河道附近补给能力最好。因此要扩大生态输水对河道两岸地下水的影响范围，应疏浚河道，拓宽河道宽度，扩大过水面积及入渗范围。

表 6-5 **2014—2023 年塔里木河下游各监测井平均地下水位** (单位: m)

距河道距离	50	150	300	500	750	1050
监测井号	英苏 F1	英苏 F2	英苏 F3	英苏 F4	英苏 F5	
地下水位	-3.729	-5.508	-5.687	-5.364	-6.396	
监测井号	老英苏 F11	老英苏 F10	老英苏 F9	老英苏 F8	老英苏 F7	老英苏 F6
地下水位	-4.510	-6.265	-7.045	-6.335	-7.359	-6.994
监测井号	喀尔达依 G1	喀尔达依 G2	喀尔达依 G3	喀尔达依 G4	喀尔达依 G5	喀尔达依 G6
地下水位	-5.198	-5.172	-5.821	-6.507	-6.737	-7.431
监测井号	博孜库勒 G12	博孜库勒 G11	博孜库勒 G10	博孜库勒 G9	博孜库勒 G8	博孜库勒 G7
地下水位	-3.215	-3.934	-4.202	-5.292	-4.512	-4.510
监测井号	阿拉干 H1	阿拉干 H2	阿拉干 H3	阿拉干 H4	阿拉干 H5	阿拉干 H6
地下水位	-5.725	-5.724	-5.690	-6.367	-5.526	-6.434
监测井号	依干不及麻 I1	依干不及麻 I2	依干不及麻 I3	依干不及麻 I4	依干不及麻 I5	依干不及麻 I6
地下水位	-3.173	-3.463	-4.323	-6.613	-5.422	-5.503
监测井号	库尔干 J1	库尔干 J2	库尔干 J3	库尔干 J4	库尔干 J5	库尔干 J6
地下水位	-3.581	-3.815	-5.312	-5.034	-5.285	-5.440

6.5 塔里木河干流地表水地下水耦合模拟

6.5.1 数据来源与方法

采用数据包括 30m×30m 的 DEM 数据、土地利用数据(地理空间数据云 http://www.gscloud.cn/),干流及各支流主要站点的气象资料(中国气象科学数据共享服务网),包括 2001—2023 年的 23 个气象站逐日降雨、蒸发量数据,日平均温度、最高温度及最低温度、平均风速和日照时间等。水文数据采用 2001—2023 年的三源流及干流各水文站的逐日实测径流资料,地下水资料为干流区 2004—2023 年地下水埋深数据。

以 HSPF 模型划分子流域,利用可视化 Visual MODFLOW 模型离散有限差分网格 CELL,地下水位是两者的动态连接线,利用土壤类型、土地利用方式和子流域划分生成 HRU Feature Class 分布,利用 HRU 与 CELL 的对应关系找到流域内相应土地利用类型的 HRU 的编号和网格值。在时间尺度上,HSPF 模型为短时段(小时、日),MODFLOW 模型为长时段(多日、月),两者采用滞后演算法逐步耦合。将由 HSPF 模型计算的地下水补给量和潜水蒸散量作为 MODFLOW 模型的输入,基于水量平衡逐步汇流演算,把 HSPF 模拟的地下水补给量，利用入渗滞后性逐步补给计算。同时，将地下水模拟历次输出的地下水位、基流量等通过叠置单元传递给 HSPF 模型，进而对蒸发、蒸腾等水文过程进行约束检验，合理展现流域时空特征，图 6-3 为模型耦合原理示意图。

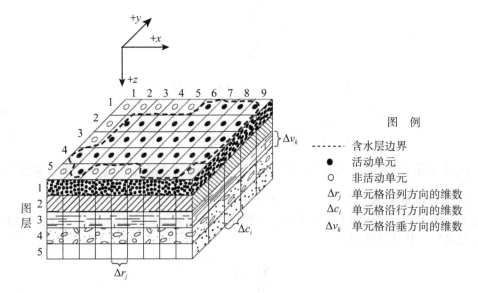

图 6-3　耦合模型示意图

HSPF 模型中地表水下渗量影响土壤水分的增加，采用修正 Horton 公式计算：

$$f_p(i,t) = f_c(i) + [f_0(i) - f_c(i)]\, e^{-kT_h(i,t)} \tag{6.6}$$

$$T_h(i,t) = \frac{-\ln[1 - \theta_r(i,t)]}{\alpha}$$

式中，$f_p(i,t)$ 表示下渗能力；$f_c(i)$ 表示土壤最小饱和下渗率；$f_0(i)$ 表示初始最大下渗率；k 为经验系数；$T_h(i,t)$ 表示等价时间；$\theta_r(i,t)$ 表示土壤相对湿度；α 为经验参数；i 为模拟单元。

　　地下径流模拟采用圣维南连续方程和达西定律实现，计算公式为

$$\begin{cases} \dfrac{\partial h}{\partial t} + \dfrac{\partial q}{\partial l} = r_g \\[2mm] f_g = D\,\dfrac{\partial H}{\partial l} = D\left(S_0 + \dfrac{\partial h}{\partial l}\right) \\[2mm] q = p_s f_g h \\[2mm] S_b = S_0 + \dfrac{d_1 - d_2}{\Delta l} \end{cases} \tag{6.7}$$

式中，h 表示地下水深度；q 表示单宽流量；r_g 表示垂直净入流量；f_g 表示土壤水通量；H 表示地下水水头值；l 表示坡面长度；D 表示土壤水力传导率；p_s 表示土壤孔隙率；S_b 表示基岩坡度；S_0 表示地表坡度；d_1 表示基岩水深；d_2 表示地表水深。

在日时间尺度上，地表径流模拟和地下水位模拟效果选用纳什系数 E_{ns}（式（6.8））和确定性系数 R^2 进行校准和不确定性评价（式（6.9）），E_{ns} 反映拟合的程度，$E_{ns} \geq 0.60$ 时，结果可接受；R^2 和 E_{ns} 越接近于 1，则率定效果越好。

$$E_{ns} = 1 - \frac{\sum\limits_{i=1}^{n} (Q_{oi} - Q_{si})^2}{\sum\limits_{i=1}^{n} (Q_{oi} - \bar{Q}_{oi})^2} \tag{6.8}$$

$$R^2 = \left[\frac{\sum\limits_{i=1}^{n} (Q_{oj} - \bar{Q}_o)(Q_{sj} - \bar{Q}_s)}{\sqrt{\sum\limits_{i=1}^{n} (Q_{oj} - \bar{Q}_o)^2} \sqrt{\sum\limits_{i=1}^{n} (Q_{sj} - \bar{Q}_s)^2}} \right]^2 \tag{6.9}$$

式中，Q_{oj} 表示第 j 时刻流量实测值；Q_{sj} 表示第 j 时刻流量模拟值；$\bar{Q}_o$ 表示流量实测值的总平均；$\bar{Q}_s$ 表示流量模拟值的总平均；n 表示时段总数。

地下水埋深率定选用均方根误差 σ，它反映了测量数据偏离真实值的程度，σ 越小，模拟效果越好，其计算公式为

$$\sigma = \sqrt{\frac{\sum\limits_{j=1}^{m} (X_{oj} - X_{sj})^2}{m}} \tag{6.10}$$

式中，X_{oj} 表示第 j 时刻地下水实际埋深；X_{sj} 表示第 j 时刻地下水埋深模拟值；m 表示模拟总数。

6.5.2　HSPF 模型的率定及模拟

选取流域 2023 年的土地利用资料，将其分为 6 种土地利用类型，不同子流域的气象数据按照泰森多边形法分配，利用重分类的土地利用数据，构建 Win HSPF 工程。选用扰动分析法进行灵敏度分析，运用 PEST（parameter estimation）进行参数的自动率定，基于 Levenberg-Marquardt 算法，实现目标函数的收敛，结合人工率定，进行模型参数优选。得到最优参数，参考相关研究资料，得到表 6-6 所示的 HSPF 模型主要参数率定及影响因素。通过参数估计和调整，将误差控制在允许的范围。基于水量平衡对径流模拟进行校准，改进模拟效果。结果如图 6-4 所示。

表 6-6　　　　　　　　　**HSPF 模型主要参数率定及影响因素**

参 数 名 称	率定值	取值范围	物 理 意 义
LZSN 下层土壤含水量（cm）	4.30~6.40	2~15	参数值越大，土壤蓄水能力越大，产流下降
INFILT 入渗能力（cm/h）	0.19~0.40	0.001~0.5	控制着降雨在地表径流、地下径流的分配比例
UZSN 上层土壤含水量（cm）	0.62~1.10	0.05~2	反映上层蓄水量和蒸发能力

续表

参 数 名 称	率定值	取值范围	物 理 意 义
IRC 壤中流消退系数(d/L)	0.50~0.60	0.30~0.85	当前日壤中流出流与 24 h 前壤中流出流比率
BASETP 基流蒸散发参数	0.05~0.12	0.001~0.2	基流补给河床，河岸植被蒸发
AGWETP 地下水蒸散参数	0.11~0.16	0.001~0.2	浅层地下水潜在蒸发量
AGWRC 地下水消退率(d/L)	0.93~0.98	0.85~0.999	控制着地下水退水过程
CEPSC 植被截留量(cm)	0.08~0.20	0.01~0.4	由植被截留降水并用于蒸发的非落地雨，为月值
INTFW 壤中流入流系数	6.50~7.30	1~10	决定截留水进入地下成为壤中流的系数
DEEPFR 水分下渗比率	0.03~0.10	0.001~0.5	受地形和地下水补给影响，影响产流过程

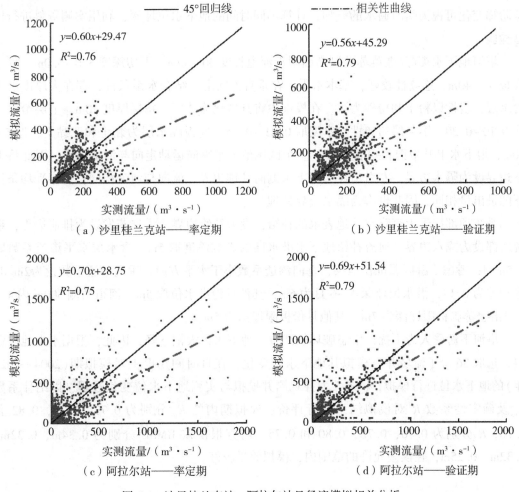

图 6-4 沙里桂兰克站、阿拉尔站日径流模拟相关分析

由图 6-4 可知，HSPF 模型适应于塔里木河流域的径流变化，率定期和验证期的模拟效果较为理想。分析塔里木河的径流特征，干流的阿拉尔站来水主要为三源流组成，并且受到人类引水灌溉及渠道渗漏影响，在汛期（7—9 月）河道水量较大，非汛期（4—6 月）受灌溉引水影响河道径流量较小，其量值基本匹配。少数年份流量峰值偏大，可能与水库调蓄等人类活动有关，总体拟合度较高，可为大尺度流域径流模拟和气候响应研究提供借鉴。

6.5.3　地表水地下水模型耦合

将 BASINS/HSPF 模型提取的流域边界及子流域作为 MODFLOW 模型计算区域，选取干流平原区，根据流域地形特征，将其按照 5km×5km 网格进行离散，共划分为 53 行、135 列，共计 1587 个活动单元。与水文响应单元图层叠置，形成 HRU-CELL 计算单元，研究区的地下水排泄以潜水的垂向蒸发和植物蒸腾为主，侧向排泄较少。已知塔河干流下游历次生态输水时间及水量，可依据流量曲线拟合河道水深及水文地质参数，相邻河渠水位阶梯变化可视为瞬时迴水的叠加，计算不同时间的地下水位埋深，利用实测资料进行模型检验。

塔河地下水英苏/老英苏监测断面附近河道长度 20~30m，下切深度 3.0~5.0m，隔水底板 35~40m，连续性较好，基本水平。在垂直方向上，结合水系条件，存在大厚度潜水含水层，岩性以粉土和粉砂为主，在模型中将其概化为 2 层，每层厚度 20m，上层给水度取 0.10~0.20，第二层的弹性给水度取 0.21~0.25。底板隔水层为黏土和亚黏土，厚 5~10m，地下水上升带饱和差取 0.15，整个区域地下水纵向运动走向与河道一致，因此将上下边界设为隔水边界。左右边界为地下水侧向补排边界，流向与河流相同，多年平均条件下的进出量相同，因此也作为隔水边界处理。

系统顶部接受大气降水、地表水的补给，设为补给边界。大气蒸发设为排泄边界，系统底部设为隔水边界，河流补给地下水潜水层的影响深度取 5m，含水层水平渗透系数取 2.5m/d，考虑下游区属沉积地层，垂向渗透系数小于水平方向，垂向渗透系数设为 2m/d，饱和差 0.14，潜水位埋深 4—6 月为 6m，其他月份潜水位取 5m，河道两侧 500m 内 4—6 月潜水蒸腾极限埋深为 7m，其他月份极限埋深为 5m。

塔河下游受人为干扰，生态破坏较严重，地下水位大幅下降，因此，根据水文地质资料，选取 36 号子流域井点模拟其地下水位变化，在日时间尺度上对模拟期（2004—2023 年）的地下水位进行模拟，图 6-5 为各观测井模拟与实测地下水位变化过程，以纳什系数 E_{ns} 及确定性系数 R^2 对模拟结果进行评价，模拟期内的 E_{ns} 分别为 0.77，0.79，0.82 和 0.76，R^2 分别为 0.76，0.78，0.80 和 0.75，均方根误差 RMSE 分别为 0.34m、0.32m、0.32m、0.25m，在误差允许的范围内，模拟效果较好。

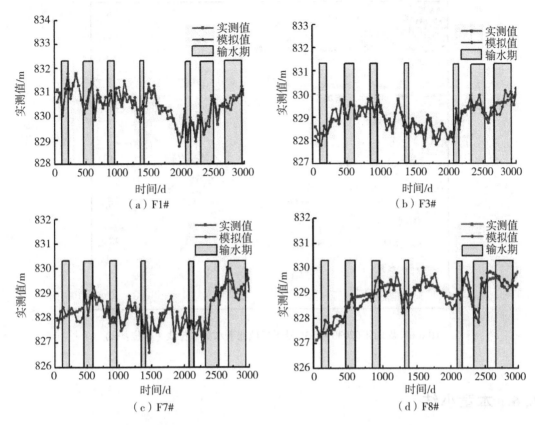

图 6-5 各观测井模拟与实测地下水位过程(2014—2023 年)

6.5.4 地下水位变化预测

基于 ArcGIS 平台,利用 DEM 和预测的 2030 年平均地下水埋深数据,通过克里金空间插值法,得到图 6-6 所示的 36 号子流域地下水位图,该子流域内的所有观测井地下水位在 800~900m,从上游至下游沿高程逐渐减小。根据预测结果,随着 2000 年以来的间歇性输水的延续,下游地下水位明显回升。模拟结果显示大西海子水库库区水位较高,两岸的地下水补给库区,离河 1km 的范围内地下水埋深恢复到 4m。英苏/老英苏断面地下水位未来年均上升 1.01m,2004 年下游地下水年平均埋深约 6.21m,而在规划年预计达到 4.73m。

输水期水位上升明显,但随时间延长,水位上升较为平缓,逐渐趋于稳定。在空间上,地下水位表现为以输水河道向两侧逐渐减弱,不同地区的地下水位也存在一定差异。下游上段灌区由于引水灌溉,地下水埋深 1.2~3m,植被覆盖度较高。但下段的生态走廊由于河水长期断流和土壤风蚀作用加强,地下水位抬升幅度较小。

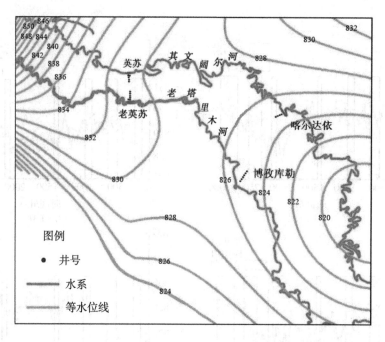

图 6-6　规划年(2030 年)36 号子流域地下水等水位线（单位：m）

6.6　本章小结

（1）地下水位对生态输水的累积响应具有滞后性，在时间上表现为先增后减，输水后 50 天左右累积效应最显著，Spearman 相关系数高达 0.738，其中，阿拉干监测断面输水后 30 天的地下水位与累积生态输水量相关性较强；在空间上表现为沿河道增加方向，英苏/老英苏、依干不及麻和库尔干监测断面输水后 50 天的地下水位与累积生态输水量相关性十分显著，在库尔干监测断面处累积效应最显著，Pearson 相关系数高达 0.913；垂直于河道方向，地下水对累积输水的响应宽幅随离河道距离增加而减弱，呈显著负相关。

（2）NDVI 对生态输水的累积响应，在时间上表现为与近 3 年输水量存在显著正相关，Spearman 相关系数高达 0.726；在空间上，大西海子水库和台特玛湖附近的 NDVI 指数增长最显著，河道附近 NDVI 明显增长。

第7章 塔里木河下游多目标参数生态需水体系构建

在塔里木河流域，生态用水与生活用水、经济用水、农业用水之间的矛盾冲突随经济发展和人口增长日益加剧，而降低该流域生态系统脆弱性必须保障合理高效的生态用水效率。因此，需要研究维持生态系统正常状态临界条件下的流域生态需水量，依据流域生态需水量合理规划配置当前经济发展条件和水资源开发利用下的生态用水量，确立流域生态用水安全预警机制及危机目标管理参数，以降低生态风险，避免生态危机。计算河流生态需水量时，选取现状年的依据需要综合考虑水文、生态、数据质量等多方面因素，以确保计算结果的科学性和实用性。

7.1 河道水面蒸发

7.1.1 数据来源

本章所使用的塔里木河干流的气象资料来自国家气象信息中心-中国气象数据网，包括 5 个气象站逐日降雨、蒸发量数据，日平均温度、最高温度及最低温度、平均风速和日照时间等。水文数据来自新疆维吾尔自治区塔里木河流域管理局提供的 1956—2023 年的干流各水文站逐日径流资料。

7.1.2 计算方法

河道水面蒸发是河道水量损耗的主要组成之一。塔里木河干流河道水面蒸发量采用面积定额法计算：

$$W_e = B \cdot L \cdot E_\phi \cdot k \tag{7.1}$$

式中，W_e 为水面蒸发量（亿 m^3），B 为河段水面宽（m），L 为河段长度（m），E_ϕ 为直径 20cm 水面蒸发皿观测的水面蒸发量（mm），k 为水面折算系数。根据相关研究，阿拉尔—新渠满（B_{AL}）、新渠满—英巴扎（B_{XQ}）和英巴扎—恰拉（B_{YB}）的水面宽计算公式为

$$B_{AL} = 15.582 \, Q_{AL}^{0.4985} \tag{7.2}$$

$$B_{XQ} = 24.476 \, Q_{XQ}^{0.3809} \tag{7.3}$$

$$B_{YB} = 47.909 \, Q_{YB}^{0.1776} \tag{7.4}$$

式中，B_{AL}、B_{XQ} 和 B_{YB} 分别为上述三条河段的水面宽（m），Q_{AL}、Q_{XQ} 和 Q_{YB} 为三水文站年径流量（亿 m^3）。其中，借助相关研究成果，k 在阿拉尔—新渠满河段取值 0.67（阿拉尔和新渠满的平均值），在新渠满—英巴扎河段取值 0.62（阿拉尔、新渠满和博斯腾湖的平均

值），在英巴扎—恰拉段水面折算系数 k 为 0.57（参考新渠满和博斯腾湖的平均值）。

7.1.3 河道水面蒸发耗水分析

根据气象资料比较全的测站信息，分别以阿拉尔站、库车站和库尔勒站的水面蒸发量代表区间蒸发，分时段蒸发量见表 7-1。阿拉尔—新渠满、新渠满—英巴扎和英巴扎—恰拉段的蒸发量分别为 1019mm、1047mm 和 1166mm。

表 7-1　　　　　　　　　干流不同区间的分时段水面蒸发量　　　　　（单位：mm）

蒸　发　量	1—6 月	7 月	8 月	9 月	10—12 月	合计
阿拉尔—新渠满	540.88	158.94	137.38	95.69	86.15	1019.04
新渠满—英巴扎	543.79	162.58	144.99	98.74	96.70	1046.80
英巴扎—恰拉	597.11	182.73	165.61	114.07	106.58	1166.10

计算阿拉尔、新渠满和英巴扎水文站 1957—2023 年多年平均径流量，分别为 45.82 亿 m^3、37.62 亿 m^3 和 28.26 亿 m^3。阿拉尔—新渠满段河长为 237km、新渠满—英巴扎段河长为 258km 以及英巴扎—恰拉段河长为 398km。塔河干流河道各河段蒸发相关的参数，见表 7-2。

表 7-2　　　　　　　　　　塔河干流河道蒸发参数表

河　段	B(m)	L(km)	E(mm)	k
阿拉尔—新渠满	104.87	237	1019	0.67
新渠满—英巴扎	97.46	258	1047	0.62
英巴扎—恰拉	86.55	398	1166	0.57

根据干流分区间河宽、河长、水面蒸发以及折算系数等数据，计算干流分区间分时段的河道蒸发量，见表 7-3。

表 7-3　　　　　　　　　干流不同区间的分时段河道蒸发量　　　　　（单位：亿 m^3）

河道蒸发量	1—6 月	7 月	8 月	9 月	10—12 月	合计
阿拉尔—新渠满	0.090	0.026	0.023	0.016	0.014	0.169
新渠满—英巴扎	0.085	0.025	0.023	0.015	0.015	0.163
英巴扎—恰拉	0.117	0.036	0.033	0.022	0.021	0.229

7.2 流域河道内生态需水量

在干旱半干旱地区，流域生态需水大都是以河道为核心，即分为河道内和河道外两大生态系统。干旱区河道径流受天然降水和冰雪融水共同补给，因而其量值季节波动较大，最具有典型性的是中国第一大内流河——塔里木河，以河道为核心，其两岸绿洲组分与空间分布严格受河道影响。结合塔里木河干流实际情况，提出了针对塔里木河干流河道径流和两岸天然植被的生态需水概念、生态需水特征、生态需水年内分配及其量化方法。

基于前文塔里木河流域水文-生态格局动态变化的研究，为维持塔里木河流域天然生境的健康，从以下两个方面界定其生态系统需水：（1）河道内生态需水。对于干旱区，暂不考虑输沙平衡生态需水和维持水质环境需水，河道内生态需水主要是指维持河道生态系统基本平衡的最小水量；（2）河道外生态需水。基于河道两岸缓冲区景观类型、面积和生态风险，河道外生态需水特指维持天然植被生存、生长和逐步改善所消耗的水量。

综上所述，塔里木河干流流域生态需水是指在水利工程干扰下，为维持河流生态环境状况和两岸天然植被及其所处环境生态稳定所需要的水资源量。选定适宜的计算方法，进行塔河干流分段（上、中、下游）生态需水的深入研究，对于开展近自然的水资源优化调度具有重要的现实意义。

7.2.1 计算方法

1. 逐月频率法

逐月频率法是将径流资料分为丰、平、枯水年来进行研究，水平年划分以年平均流量为基础，枯水年的对应频率在 75% 以上，平水年对应频率在 25%～75%，丰水年的对应频率在 25% 以下。年内分期以各月历时流量资料分为丰水期、枯水期和平水期。

选择逐月频率法估算河道内的环境流量，一般可以大致分为最小、适宜和最大生态环境流量，各生态环境流量计算标准为：$P = 90\%$ 为推荐最小生态环境流量，$P = 25\% \sim 75\%$ 为推荐适宜生态环境流量，$P = 10\%$ 为推荐最大生态环境流量。

2. RVA 法

河道内生态流量值通常是保持河道生态系统基本平衡的最小流量。研究发现，河流水文特征值往往处于变动状态，且具有一定的合理范围，即 RVA 变化范围。只有当河流情势位于 RVA 可变范围内时，河道内生态系统才能维持其天然的健康状态。基于 RVA 法的河道内月均生态流量值（Q_{eco}）计算公式为

$$Q_{eco} = \bar{Q} - (Q_{high} - Q_{low}) \tag{7.5}$$

式中，$\bar{Q}$ 为多年月平均流量值；Q_{high}、Q_{low} 分别为 RVA 的上、下限阈值。

为了反映河流水流量的可支配程度，可支配系数 β 的计算公式如下：

$$\beta = (Q_{high} - Q_{low})/\bar{Q} \tag{7.6}$$

式中，可支配系数 $\beta \in [0, 1)$。β 值越接近于 1，河流流量可调用程度就越高；反之，可调用程度越低。

3. Tennant 法

Tennant 法是基于河道内多年径流的均值，把丰水期、平水期和枯水期的多年平均流量乘以相应级别的百分比，形成达到某一河流生态环境状况的流量推荐值，见表 7-4。此处，河流年均流量特指的是河流处于自然状态下的多年的平均径流量值，各月流量情况可以采用典型年的流量过程来表征。Tennant 法易于操作且对资料要求较低，只需天然时期 10 年以上的历史流量资料即可。

表 7-4　　　　　　　　　　改进 Tennant 法对河流生态需水的评价标准

河道流量状态	流量推荐值%		
	4—6 月	7—10 月	11—3 月
最大	230	115	195
最佳范围	40~100	35~100	40~140
极好	35	30	35
非常好	30	25	30
尚好	25	20	25
一般	20	15	20
较差	15	10	15
极差	0~10	0~5	0~10

Tennant 法得到的保障河道内生态系统稳定的各月河道内生态需水公式为

$$WR_{ij} = 3600 \times 24 \times n_i \times Q_i \times P_{ij} / 10^8 \tag{7.7}$$

式中，WR_{ij} 表示多年平均条件下第 i 月在河流栖息地状况处于 j 条件下的河流生态需水值（亿 m^3）；n_i 为第 i 月的天数（天）；Q_i 为第 i 月的多年平均流量（m^3/s）；P_{ij} 为第 i 月河流栖息地状况 j 时的需水百分比（%）。

7.2.2　河道内生态环境流量计算

1. 逐月频率法计算河道内生态环境流量

阿拉尔、英巴扎和恰拉分别是塔河干流上、中、下游的代表站，根据 3 个代表站点人类活动干扰前 1957—1972 年的天然径流系列，将年份分为丰水年 4 个，平水年 8 个和枯水年 4 个。利用逐月频率法计算塔里木河干流上、中、下游河段河道内生态环境流量，见表 7-5 和表 7-6。

表 7-5　　　　　　　　　阿拉尔逐月频率法环境流量计算成果　　　　（单位：m³/s）

生态环境流量		1	2	3	4	5	6	7	8	9	10	11	12
丰水年	最小生态环境流量	52	51	46	12	7	6	6	7	8	8	9	9
	适宜生态环境流量下限	58	59	55	30	15	14	18	22	32	41	44	48
	适宜生态环境流量上限	82	91	82	75	70	77	100	256	332	270	233	206
	最大生态环境流量	103	101	100	97	96	105	348	733	700	666	624	587
平水年	最小生态环境流量	56	55	53	12	7	7	8	9	9	10	11	12
	适宜生态环境流量下限	64	63	63	41	18	18	24	32	39	46	48	54
	适宜生态环境流量上限	74	77	80	76	75	77	94	170	222	196	174	160
	最大生态环境流量	80	90	94	92	91	104	285	577	541	511	489	466
枯水年	最小生态环境流量	40	38	33	10	7	6	6	7	7	7	8	8
	适宜生态环境流量下限	68	62	46	31	13	10	15	21	25	32	34	35
	适宜生态环境流量上限	85	87	83	78	74	76	88	126	176	157	138	122
	最大生态环境流量	97	109	101	96	90	100	235	417	421	399	383	365

表 7-6　　　　　　　　　英巴扎逐月频率法环境流量计算成果　　　　（单位：m³/s）

生态环境流量		1	2	3	4	5	6	7	8	9	10	11	12
丰水年	最小生态环境流量	6.7	8.4	11	6.7	7.5	8.4	9.2	11	11	12	9.2	9.0
	适宜生态环境流量下限	9.2	12	12	12	12	12	12	12	13	13	13	12
	适宜生态环境流量上限	12	13	16	16	27	47	127	180	236	194	184	177
	最大生态环境流量	13	13	27	22	49	141	194	421	494	476	460	421
平水年	最小生态环境流量	7.8	8.5	8.6	8.5	7.9	8.5	6.7	7.8	8.4	8.5	8.9	9.0
	适宜生态环境流量下限	8.5	9.2	12	11	10	11	10	11	12	12	12	12
	适宜生态环境流量上限	12	13	21	23	24	24	30	38	158	99	77	63
	最大生态环境流量	12	14	32	34	36	36	54	520	515	508	448	414
枯水年	最小生态环境流量	3.6	3.6	3.6	3.6	2.5	2.8	3.5	3.5	3.6	3.6	3.7	3.8
	适宜生态环境流量下限	4.3	4.2	4.2	4.2	4.1	4.4	5.1	8.0	10	12	10	9.0
	适宜生态环境流量上限	16	20	21	19	22	28	70	150	159	138	117	100
	最大生态环境流量	24	25	26	24	48	100	203	305	305	300	291	286

　　根据表 7-5 和表 7-6，取枯水年组最小生态环境流量、平水年组的适宜生态环境流量和丰水年组的最大生态环境流量作为逐月频率法推荐的生态环境流量，分别得到阿拉尔站和英巴扎站的推荐生态环境流量见图 7-1。塔里木河干流阿拉尔站年最小、适宜下限、适宜上限和最大生态环境流量分别为 14.7 m³/s、42.4 m³/s、122.8 m³/s 和 354.9 m³/s；英巴扎站年最小、适宜下限、适宜上限和最大生态环境流量分别为 3.4 m³/s、10.8m³/s、

48.3 m³/s 和 227.5 m³/s。

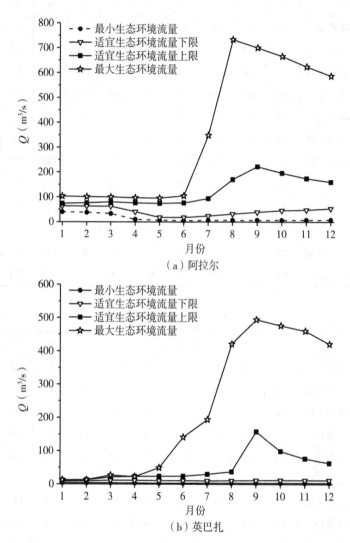

图 7-1　逐月频率法推荐河道内生态环境流量

由图 7-1 推得的阿拉尔和英巴扎断面推荐生态需水量各月均值见表 7-7 和表 7-8。

表 7-7				阿拉尔逐月频率法推荐生态需水量							（单位：亿 m³）	
生态环境流量	1	2	3	4	5	6	7	8	9	10	11	12
最小生态环境流量	1.07	0.92	0.89	0.26	0.18	0.14	0.17	0.18	0.18	0.19	0.20	0.22
适宜生态环境流量下限	1.71	1.52	1.68	1.06	0.49	0.48	0.63	0.85	1.01	1.22	1.25	1.44
适宜生态环境流量上限	1.98	1.85	2.15	1.98	2.00	1.99	2.50	4.55	5.75	5.25	4.52	4.29
最大生态环境流量	2.76	2.44	2.68	2.51	2.56	2.72	9.32	19.63	18.14	17.84	16.17	15.72

表 7-8			英巴扎逐月频率法推荐生态需水量							(单位：亿 m³)		
生态环境流量	1	2	3	4	5	6	7	8	9	10	11	12
最小生态环境流量	0.10	0.09	0.10	0.09	0.07	0.07	0.09	0.09	0.09	0.10	0.10	0.10
适宜生态环境流量下限	0.23	0.22	0.31	0.29	0.28	0.27	0.28	0.29	0.30	0.32	0.31	0.32
适宜生态环境流量上限	0.32	0.31	0.57	0.59	0.63	0.61	0.80	1.00	4.10	2.64	1.98	1.69
最大生态环境流量	0.33	0.31	0.72	0.57	1.31	3.65	5.20	11.28	12.80	12.75	11.92	11.28

2. RVA 法计算河道内生态环境流量

生态环境流量与生态需水量之间存在着强烈的内在关系，对保障河道内基本生态系统功能的完整性起到了积极正面的作用。根据阿拉尔站 1957—1972 年逐日流量资料，计算具有生态价值的 RVA 环境流指标并划定 RVA 环境流目标，从而得到基于 RVA 法的塔河干流河道内适宜生态需水量。

根据 RVA 法计算结果(表 7-9)可知，阿拉尔水文站高流量值起始于 7 月，终止于 9 月，以 8 月最高。值得一提的是，阿拉尔站 12 个月的环境流量值都小于 RVA 阈值下限，其波动幅度与河道内天然径流波动情况较为一致。其中，7—10 月河流丰水期的，生态流量较大且变化快，月均流量能满足岸边植被土壤湿度需求及河流输水水量；枯水期 11月—次年 3 月，生态流量值较小，大都用来维持河流的自净和基本流量过程。

表 7-9	阿拉尔站环境流指标及 RVA 阈值			
月份	指数变化程度		RVA 阈值 (m³/s)	
	中值 (m³/s)	(75%值−25%值)/50%频率值	下限	上限
1	70.1	0.21	68.7	73.1
2	65.0	0.53	62.0	78.9
3	60.2	0.35	50.6	62.7
4	20.4	0.45	9.2	13.7
5	23.2	0.72	7.9	17.9
6	60.0	1.18	70.7	135.5
7	149.5	0.50	316.5	378.0
8	152.0	0.57	604.7	723.5
9	117.5	0.64	151.6	216.0
10	68.9	0.80	59.5	88.4
11	60.8	0.46	54.3	72.3
12	94.6	0.34	83.0	108.6

根据适宜生态需水计算结果（表 7-10）可以看出，阿拉尔站 5 月、6 月可支配系数较大，分别为 0.88 和 0.58，汛期的 7—8 月，可支配系数仅为 0.18，这与该时期河道流量虽多，但维持水生生境和河道冲淤流量也大幅上升相关。阿拉尔站可支配水量峰值发生在 6—9 月，总和为 5.29 亿 m³，高达整年可支配量的 73.6%。由 RVA 法估算所得的阿拉尔站年适宜生态需水量为 34.8 亿 m³，可支配水量为 7.8 亿 m³。

表 7-10　　　　　　　　　阿拉尔站适宜生态需水与可支配水量计算表

月份	均值	生态流量 (m³/s)	可支配系数	适宜生态需水 (亿 m³)	可支配水量 (亿 m³)
1	70.1	65.7	0.06	1.76	0.11
2	65.0	48.0	0.26	1.16	0.30
3	60.2	48.1	0.20	1.29	0.26
4	12.3	7.8	0.36	0.20	0.07
5	11.4	1.4	0.88	0.04	0.03
6	112.5	47.7	0.58	1.24	0.71
7	350.0	288.5	0.18	7.73	1.36
8	657.0	538.2	0.18	14.42	2.61
9	176.9	112.5	0.36	2.92	1.06
10	68.9	40.1	0.42	1.07	0.45
11	63.2	45.2	0.28	1.17	0.33
12	94.6	69.0	0.27	1.85	0.50

由英巴扎站 RVA 法计算结果（表 7-11）可知，英巴扎断面高流量起始于 7 月，终止于 9 月，以 8 月最高；8 月多年平均流量值为 322 m³/s，11 月—次年 6 月各月多年平均流量值介于 9~25 m³/s。12 个月的环境流量值都小于 RVA 阈值下限，其波动幅度与河道内天然径流波动情况较为一致。

表 7-11　　　　　　　　　英巴扎站环境流指标及 RVA 阈值

月份	指数变化程度		RVA 阈值（m³/s）	
	中值（m³/s）	(75%值−25%值)/50%频率值	下限	上限
1	11.9	3.61	7.5	18.9
2	13.7	3.76	12.2	19.8
3	16.9	2.54	14.2	23.3
4	10.8	1.34	7.6	17.4

续表

月份	指数变化程度		RVA 阈值（m³/s）	
	中值（m³/s）	（75%值−25%值）/50%频率值	下限	上限
5	10.9	2.79	5.8	15.5
6	23.1	3.00	13.4	28.0
7	179.0	2.34	75.5	198.5
8	322.0	0.62	294.6	449.1
9	125.0	1.36	98.2	207.3
10	38.0	1.49	27.9	50.2
11	10.0	1.21	8.7	13.1
12	9.3	2.14	7.6	12.3

英巴扎适宜生态需水计算结果（表 7-12）表明，由 RVA 法估算所得的英巴扎站适宜生态水量为 7.59 亿 m³，可支配水量为 4.20 亿 m³。英巴扎站 1 月、9 月可支配系数较大，分别为 0.96 和 0.91；虽然丰水期 7—8 月的可支配系数并不大，分别为 0.69 和 0.48，但此时由于河道流量较大，使得英巴扎断面的可支配水量大都集中于 7—8 月，占全年可支配水量的 75.8%。

表 7-12 英巴扎站适宜生态需水与可支配水量计算表

月份	均值	生态流量（m³/s）	可支配系数	适宜生态需水（亿 m³）	可支配水量（亿 m³）
1	11.9	0.5	0.96	0.01	0.01
2	13.7	6.0	0.56	0.15	0.08
3	16.9	7.8	0.54	0.21	0.11
4	10.8	1.1	0.90	0.03	0.02
5	10.9	1.2	0.89	0.03	0.03
6	23.1	8.5	0.63	0.22	0.14
7	179.0	56.0	0.69	1.50	1.03
8	322.0	167.5	0.48	4.49	2.15
9	119.3	10.2	0.91	0.27	0.24
10	38.0	15.8	0.59	0.42	0.25
11	10.0	5.7	0.43	0.15	0.06
12	9.3	4.6	0.51	0.12	0.06

3. Tennant 法计算河道内生态环境流量

1）典型年的选取

采用塔里木河还未大规模兴建水库和引水闸、水资源开发利用程度较低、河流处于天然状态下（1957—1972 年）的平均径流量值作为基准。阿拉尔、英巴扎和恰拉站 1957—1972 年水文资料见表 7-13。河流自然状态下，阿拉尔、英巴扎和恰拉站多年平均流量分别为 162m³/s、111m³/s 和 36m³/s。

表 7-13　　　　　　　　1957—1972 年塔里木河干流水文站年径流数据　　　　　　（单位：m³/s）

年份	阿拉尔	英巴扎	恰拉	年份	阿拉尔	英巴扎	恰拉
1957	153	102	46.4	1965	110	72	25.0
1958	153	108	33.2	1966	202	139	37.9
1959	163	119	34.3	1967	177	128	41.3
1960	157	107	33.4	1968	174	126	38.0
1961	211	142	47.9	1969	171	136	37.5
1962	155	99	50.0	1970	125	102	28.1
1963	134	84	45.1	1971	179	132	24.8
1964	169	109	29.2	1972	163	71	23.3

年流量模数为

$$K_i = \frac{Q_i}{\bar{Q}} \tag{7.8}$$

式中，K_i 为年流量模数；Q_i 为第 i 年的年径流量；$\bar{Q}$ 为多年平均径流量。

根据年流量模数的计算公式，得到自然状态下（1957—1972 年）塔里木河干流阿拉尔、英巴扎和恰拉站的年流量模数，见表 7-14。

表 7-14　　　　　　1957—1972 年塔里木河干流水文站各年的年流量模数

年份	阿拉尔	英巴扎	恰拉	年份	阿拉尔	英巴扎	恰拉
1957	0.94	0.92	1.29	1965	0.68	0.65	0.69
1958	0.94	0.98	0.92	1966	1.25	1.25	1.05
1959	1.00	1.07	0.95	1967	1.09	1.15	1.15

续表

年份	阿拉尔	英巴扎	恰拉	年份	阿拉尔	英巴扎	恰拉
1960	0.97	0.96	0.93	1968	1.07	1.13	1.06
1961	1.30	1.27	1.33	1969	1.05	1.22	1.04
1962	0.95	0.89	1.39	1970	0.77	0.92	0.78
1963	0.82	0.76	1.25	1971	1.10	1.19	0.69
1964	1.04	0.98	0.81	1972	1.01	0.64	0.65

典型年通常是指年流量模数值最为靠近于1的年份，基于此原理，依次选取1972、1964和1969年分别为阿拉尔、英巴扎和恰拉站的典型年。塔里木河干流3个水文站典型年的实测月平均径流量值见表7-15。

表7-15　　　　　　塔里木河干流水文站典型年实测月平均径流量　　　（单位：m³/s）

站点	1月	2月	3月	4月	5月	6月
阿拉尔/1972年	70.5	72.4	61.2	17.8	22.6	113.3
英巴扎/1964年	9.9	14.5	32.3	27.9	13.2	11.6
恰拉/1969年	18.8	25.7	50.9	30.4	10.9	5.5
站点	7月	8月	9月	10月	11月	12月
阿拉尔/1972年	388.0	654.9	246.2	103.5	85.5	106.2
英巴扎/1964年	106.7	677.6	284.4	85.9	22.6	32.8
恰拉/1969年	20.9	66.1	102.7	56.6	31.8	21.4

塔里木河属于季节性河流，主要依靠冰雪来补给径流，受气温影响较大，年内丰水期一般出现在气温年均值最高的7—10月。塔里木河干流河道内生态需水可按照季节性划分为三个时段：4—6月、7—10月和11月—次年3月。根据塔河干流水文站典型年的月均流量，分别求三个时段的平均流量，见表7-16。

表7-16　　　　　　塔里木河干流水文站典型年各时段平均径流量　　　（单位：m³/s）

站点	4—6月	7—10月	11月—次年3月
阿拉尔/1972年	51.21	348.16	65.98
英巴扎/1964年	17.57	288.66	18.70
恰拉/1969年	15.58	61.57	24.74

2）百分比的确定

采用 Tennant 法，依据塔里木河流域各用水时段的径流量百分比，对河道内生态需水进行评估，评价标准见表 7-17。

表 7-17　　　　　　　　　**Tennant 法对河流生态需水的评价标准**

河道流量状态	推荐流量值%		
	4—6 月	7—10 月	11 月—3 月
最大	230	115	195
最佳范围	40~100	35~100	40~140
极好	35	30	35
好	30	25	30
尚好	25	20	25
一般	20	15	20
较差	15	10	15
极差	0~10	0~5	0~10

3）河流生态流量的计算

根据表 7-17 各用水时段不同河流流量状况的百分数，采用 Tennant 法计算阿拉尔、英巴扎和恰拉水文断面的河流生态流量，结果见表 7-18。

表 7-18　　　　　　　**塔里木河干流代表站各时段的生态流量**　　　　（单位：m^3/s）

站名	用水分期	最大	最佳范围	极好	好	尚好	一般	较差	极差
阿拉尔	4—6 月	117.8	20.5~51.2	17.9	15.4	12.8	10.2	7.7	0~5.1
	7—10 月	400.4	121.9~348.2	104.4	87.0	69.6	52.2	34.8	0~17.4
	11 月—3 月	128.7	26.4~92.4	23.1	19.8	16.5	13.2	9.9	0~6.6
英巴扎	4—6 月	40.4	7.0~17.6	6.1	5.3	4.4	3.5	2.6	0~1.8
	7—10 月	332.0	101.0~288.7	86.6	72.2	57.7	43.3	28.9	0~14.4
	11 月—3 月	36.5	7.5~26.2	6.5	5.6	4.7	3.7	2.8	0~1.9
恰拉	4—6 月	35.8	6.2~15.6	5.5	4.7	3.9	3.1	2.3	0~1.6
	7—10 月	70.8	21.5~61.6	18.5	15.4	12.3	9.2	6.2	0~3.1
	11 月—3 月	48.2	9.9~34.6	8.7	7.4	6.2	4.9	3.7	0~2.5

采用 Tennant 法估算得到的塔里木河干流阿拉尔、英巴扎和恰拉站河道情况为"好"的生态需水量分别为 13.58 亿 m^3、8.98 亿 m^3 和 3.17 亿 m^3；河道情况为"尚好"的生态需水量分别为 11 亿 m^3、7.22 亿 m^3 和 2.58 亿 m^3（如表 7-19 所示）。

表7-19   塔里木河干流研究河段的各月生态需水量   （单位：亿 m³）

河道流量状态	站点	1月	2月	3月	4月	5月	6月	7月	8月	9月	10月	11月	12月	合计
好	阿拉尔	0.57	0.53	0.49	0.14	0.18	0.88	2.60	4.39	1.60	0.69	0.66	0.85	13.58
	英巴扎	0.08	0.11	0.26	0.22	0.11	0.09	0.71	4.54	1.84	0.58	0.18	0.26	8.98
	恰拉	0.15	0.19	0.41	0.24	0.09	0.04	0.14	0.44	0.67	0.38	0.25	0.17	3.17
尚好	阿拉尔	0.47	0.44	0.41	0.12	0.15	0.73	2.08	3.51	1.28	0.55	0.55	0.71	11.00
	英巴扎	0.07	0.09	0.22	0.18	0.09	0.08	0.57	3.63	1.47	0.46	0.15	0.22	7.23
	恰拉	0.13	0.16	0.34	0.20	0.07	0.04	0.11	0.35	0.53	0.30	0.21	0.14	2.58

7.2.3 河道内生态需水量计算结果分析

逐月频率法、RVA 法和 Tennant 法三种方法计算的塔里木河干流河道内生态需水量结果见表7-20。采用三种方法得到的阿拉尔水文断面河道内生态需水量依次为13.34 亿 m³、34.85 亿 m³ 和13.58 亿 m³，其中 RVA 法计算结果过高，不符合塔里木河河道内生境现状，因而取逐月频率法和 Tennant 法计算的均值13.46 亿 m³ 作为阿拉尔断面河道内生态需水量较为合理；英巴扎水文断面河道内生态需水量分别为3.42 亿 m³、7.60 亿 m³ 和8.98 亿 m³；Tennant 法所得河流流量情况为"好"时，恰拉水文断面河道内生态环境需水量为3.17 亿 m³。综合协调现有实测径流数据和各方法计算结果，推荐阿拉尔、英巴扎和恰拉断面河道内生态-环境需水量分别为13.46 亿 m³、6.67 亿 m³ 和3.17 亿 m³ 较合适。

表7-20   三种方法计算的河道内生态需水量   （单位：亿 m³）

站点	方法	1月	2月	3月	4月	5月	6月	7月	8月	9月	10月	11月	12月	合计
阿拉尔	逐月频率法	1.71	1.52	1.68	1.06	0.49	0.48	0.63	0.85	1.01	1.22	1.25	1.44	13.34
	RVA 法	1.76	1.16	1.29	0.20	0.04	1.24	7.73	14.42	2.92	1.07	1.17	1.85	34.85
	Tennant 法	0.57	0.53	0.49	0.14	0.18	0.88	2.60	4.39	1.60	0.69	0.66	0.85	13.58
	均值	1.14	1.02	1.09	0.60	0.33	0.68	1.62	2.62	1.30	0.96	0.96	1.14	13.46
英巴扎	逐月频率法	0.23	0.22	0.31	0.29	0.28	0.27	0.28	0.29	0.30	0.32	0.31	0.32	3.42
	RVA 法	0.01	0.15	0.21	0.03	0.03	0.22	1.50	4.49	0.27	0.42	0.15	0.12	7.60
	Tennant 法	0.08	0.11	0.26	0.22	0.11	0.09	0.71	4.54	1.84	0.58	0.18	0.26	8.98
	均值	0.11	0.16	0.26	0.18	0.14	0.19	0.83	3.11	0.80	0.44	0.21	0.24	6.67
恰拉	逐月频率法	—	—	—	—	—	—	—	—	—	—	—	—	—
	RVA 法	—	—	—	—	—	—	—	—	—	—	—	—	—
	Tennant 法	0.15	0.19	0.41	0.24	0.09	0.04	0.14	0.44	0.67	0.38	0.25	0.17	3.17
	均值	0.15	0.19	0.41	0.24	0.09	0.04	0.14	0.44	0.67	0.38	0.25	0.17	3.17

胡顺军(2006)采用塔河干流多年年均径流的 25% 作为其河道内生态需水量,计算得阿拉尔、英巴扎和恰拉断面河道生态-环境需水量分别为 13.00 亿 m³、9.40 亿 m³ 和 2.78 亿 m³,与本文结果较为一致。考虑到干流近年来实际来水量,阿拉尔河道生态径流量 13.46 亿 m³ 即为整个干流(阿拉尔—台特玛湖)河道内生态需水量,其中上中游生态需水量 10.3 亿 m³,占整个干流河道内生态需水量的 76.5%。

通过各断面生态径流量的确定,两断面生态径流量差值即为断面间河道内生态需水量,阿拉尔—英巴扎、英巴扎—恰拉、恰拉—台特玛湖河道内生态需水量分别为 6.8 亿 m³、3.5 亿 m³ 和 3.16 亿 m³。需要说明的是,塔里木河干流河道内生态需水量并不是指上游阿拉尔断面下泄一定水量,这些水量能够保证下游恰拉断面过水,而是指上游下泄水量能够保证下游河道断面水文过程完整。

7.3　流域陆地生态需水量

7.3.1　陆地生态需水的计算方法

1. 面积定额法

使用面积定额法估算天然植被生态需水量,即确定单位时间、单位面积上某一天然植被类型的耗水量,一般多用于资料相对充足的地区的需水量估算。面积定额法计算塔河干流天然植被生态需水总量(W)的公式如下:

$$W = \sum_{i=1}^{4} W_i = \sum_{i=1}^{4} A_i \cdot r_i \tag{7.9}$$

式中,W_i 为植被类型 i 的生态需水量(m^3);A_i 为植被类型 i 的面积(km^2);r_i 为植被类型 i 的生态耗水定额(m^3/km^2)。

2. 潜水蒸发法

潜水蒸发法适合于干旱、半干旱地区植被生长依靠地下水的情况。塔里木河干流区降水量小,植被的生存与地下水潜水埋深密切相关。采用潜水蒸发法来计算植被需水量(W)较为合适。潜水蒸发法的计算公式为

$$W = \sum_{i=1}^{4} 10^{-5} \times A_i \times W_{gi} \times K_i \tag{7.10}$$

式中,W 为植被需水量(亿 m^3);A_i 为植被类型 i 的面积(km^2),通过遥感解译获得;W_{gi} 为植被类型 i 在地下水某一地下水埋深时的潜水蒸发量(mm);K_i 为植被影响系数。

潜水蒸发量(W_{gi})的计算公式为

$$W_{gi} = a \left(1 - h_i/h_{\max}\right)^b E_{\phi 20} \tag{7.11}$$

式中,a、b 为经验系数,针对塔里木河水资源与生态现状,a 取值为 0.62,b 取值为 2.8;h_i 为植被类型 i 的地下水埋深(m),$h_{\max}$ 为潜水蒸发极限埋深(m),$E_{\phi 20}$ 为常规蒸发皿蒸发量(mm)。

7.3.2　天然植被生态需水量

天然植被需水是塔里木河干流流域陆地生态需水的主体，旨在保障生态环境系统中的天然草地和天然林地等旱区植被的基本生存，可表示为保障生态环境可持续绿色发展的水资源总量。选取具备完整水文观测数据(流量、降雨、蒸发等)且接近多年平均水平的年份 2015 年作为现状年，采用上述两种方法，分上、中、下游段计算塔河干流的生态需水量，最终得到干流现状年合理的天然植被生态需水。

1. 天然植被分布及生态需水特征

塔里木河两岸的天然植被大都是非地带性隐域植被，分析干流天然植被的基本空间分布特征，是合理计算其生态需水量的重要前提条件。考虑到塔河干流上、中、下游 3 条河段的天然植被空间分布除了受控于水分条件的制约外，还受到人类活动的干扰。为明确干流 3 条河段的植被类型和植被面积等大致分布情况，借助干流天然植被的遥感分类数据，提取了塔河干流上、中、下游河段左、右两岸的 4 种天然植被类型面积，其具体分布情况可见表 7-21。

表 7-21　　　　　　　　**塔里木河干流各植被类型的面积**　　　　　　　(单位：km²)

植被类型	阿拉尔—英巴扎		英巴扎—恰拉		恰拉—台特玛湖		总计
	左岸	右岸	左岸	右岸	左岸	右岸	
疏林地	442.7	210.1	647.8	134.7	273.4	121.4	1830.1
有林地	681.4	591.7	477.4	196.9	184.6	116.3	2248.3
低覆盖度草地	1281.3	645.7	1762.8	965.0	2592.1	716.1	7963.0
高覆盖度草地	1565.9	291.8	2317.7	584.5	789.6	432.5	5982.0
河段总计	5710.6		7086.8		5226.0		18023.4

根据表 7-21，2015 年塔里木河干流天然植被的总面积约为 18023.4km²，受塔河干流水资源空间分布巨大差异的影响，上、中、下游段的天然植被面积占植被总面积的 31.7%、39.3% 和 29.0%。而对于不同植被类型，疏林地、有林地、低覆盖度草地和高覆盖度草地的面积占天然植被总面积的比例分别为 10.2%、12.5%、44.2% 和 33.2%。另外，各种植被类型在上、中、下游段的面积分布比例具有明显的空间差异性，就有林地而言，其在 3 个研究河段内所占比例依次为 56.6%、30.0% 和 13.4%，而低覆盖度草地则为 24.2%、34.3% 和 41.5%。

2. 面积定额法估算天然植被生态需水量

基于前人对塔里木河生态需水量的分析数据，得到了塔河干流不同植被类型的单位面积生态需水定额(见表 7-22)。由表 7-22 可知，塔里木河干流疏林地、有林地、高覆盖度草地与低覆盖度草地 4 种植被类型单位面积的生态需水定额依次是 44470 $m^3 \cdot km^{-2}$、304265 $m^3 \cdot km^{-2}$、234380 $m^3 \cdot km^{-2}$ 和 62970 $m^3 \cdot km^{-2}$。

表 7-22　　　　　　　　　　　　单位面积植被需水量　　　　　　　　　（单位：m^3/km^2）

植被类型	疏林地	有林地	高覆盖度草地	低覆盖度草地
需水定额	44470	304265	234380	62970

通过遥感影像分类结果获得 4 种植被类型面积(A_i)，根据面积定额公式，计算得到塔里木河干流阿拉尔—英巴扎、英巴扎—恰拉、恰拉—台特玛湖 3 条河段天然植被生态需水量(表 7-23)。由面积定额法计算可得，塔里木河干流两岸天然植被的年生态需水总量大约是 26.690 亿 m^3。其中，阿拉尔—英巴扎、英巴扎—恰拉、恰拉—台特玛湖 3 条河段天然植被生态需水依次是 9.731 亿 m^3、10.920 亿 m^3 和 6.039 亿 m^3，占生态需水总量的 36.5%、40.9%和 22.6%。塔河干流上中下游河段均是左岸植被面积大于右岸，左岸面积约是右岸面积的 2.0~3.5 倍，尤其是中游的左右岸面积比，更是高达 3.14。

表 7-23　　　　　　　　面积定额法估算天然植被生态需水量　　　　　　（单位：亿 m^3）

生态需水量	阿拉尔—英巴扎		英巴扎—恰拉		恰拉—台特玛湖		总计
	左岸	右岸	左岸	右岸	左岸	右岸	
疏林地	0.197	0.093	0.288	0.06	0.122	0.054	0.814
有林地	2.073	1.8	1.453	0.599	0.562	0.354	6.841
低覆盖度草地	0.807	0.407	1.11	0.608	1.632	0.451	5.015
高覆盖度草地	3.67	0.684	5.432	1.37	1.851	1.014	14.021
总计	6.747	2.984	8.283	2.637	4.167	1.873	26.691

3. 潜水蒸发法估算天然植被生态需水量

天然植被耗水量值和需水量值往往不对等，天然植被实际的需水量一般要比潜水蒸发法所估算的耗水量多得多，因此在估算时要充分考虑水的利用系数，一般在原有数值基础上增加 25%~30%的水量，本章水分利用系数定为 27.5%，植被影响系数如表 7-24 所示。

表 7-24　　　　　　　　　　　　植被影响系数 K_i

地下水埋深	1m	1.5m	2m	2.5m	3m	3.5m	>4m
植被影响系数	1.98	1.63	1.56	1.45	1.38	1.29	1

干旱区天然植被长势和地下水位存在联系，地下水位太高，土地易发生盐碱化；而地下水位太低，土地又易发生荒漠化。因此，确定维持且适合天然植被正常生存繁殖的地下水埋深区间，对探究天然植被的适宜生态需水量至关重要。不同植被类型的潜水蒸发极限埋深 h_{max} 不同，樊自立等（2004）根据地下水-土壤水-植被间的关系，把地下水位划分成五个层次，生态胁迫水位介于地下水埋深 4~6m 之间；徐海量等（2015）研究得到塔里木河地下水位位于 4.5m 以上，可满足乔、灌木的基本生长；叶朝霞等（2007）发现塔里木河流域天然植被以胡杨和柽柳为主，因其根系较深，地下水极限埋深可达到 5m。

根据前期对塔里木河干流不同类型和不同盖度的天然植被需水特性的研究，综合考虑塔里木河干流缺水现状，本章将 5m 确定为疏林地和低覆盖度草地的地下水极限埋深，将 4.5m 确定为有林地和高覆盖度草地的地下水极限埋深。塔河干流 4 种主要天然植被类型下地下水平均埋深、地下水极限埋深值见表 7-25。

表 7-25　　　　　　　　　　　　　　不同植被类型地下潜水埋深

植被类型	盖度	地下水平均埋深（m）	地下水极限埋深（m）
疏林地	5%~30%	4.5	5
有林地	>30%	2.5	4.5
低覆盖度草地	5%~20%	3.5	5
高覆盖度草地	>20%	2.5	4

塔里木河干流各河段蒸发量（$E_{\varphi20}$）根据 5 个气象站 2000—2023 年气象资料取均值得到（表 7-26）。

表 7-26　　　　　　　　　2000—2023 年不同河段蒸发量均值　　　　　　　（单位：mm）

河　段	阿拉尔—英巴扎	英巴扎—恰拉	恰拉—台特玛湖
气象站	阿克苏、阿拉尔	库车、轮台	轮台、库尔勒
蒸发量	1948	2059	2357

首先，提取各河段遥感影像分类结果中四种天然植被类型的面积（表 7-27）。然后，采用阿维利扬诺夫公式（式（7.11））计算 4 种植被类型下的潜水蒸发量（W_{gi}），并通过潜水蒸发公式（式（7.10））计算相应天然植被类型的生态需水量（W）。在此基础上还需要考虑水分的利用系数，即再增加 27.5% 的水量，最终计算结果见表 7-27。潜水蒸发法估算的塔里木河干流现状年生态需水量为 21.926 亿 m^3；其中，塔里木河干流天然植被中高覆盖草地生态需水量占总需水量的 48%，其次是有林地占 27.3%，疏林地的生态需水量最少，仅为 0.25 %。

表 7-27　　　　　　潜水蒸发法计算的塔河干流生态需水　　　　（单位：亿 m³）

植被类型	阿拉尔—英巴扎		英巴扎—恰拉		恰拉—台特玛湖		求和
	左岸	右岸	左岸	右岸	左岸	右岸	
疏林地	0.011	0.005	0.020	0.004	0.009	0.004	0.054
有林地	1.616	1.403	1.405	0.580	0.602	0.379	5.985
低覆盖度草地	0.697	0.351	1.191	0.652	1.938	0.536	5.365
高覆盖度草地	2.308	0.430	4.240	1.069	1.599	0.876	10.522
求和	4.632	2.189	6.856	2.305	4.148	1.795	21.925

根据 2000—2023 年的月平均蒸发量（表 7-28），计算月生态需水量（表 7-29）。从月生态需水量分布表来看，7 月份的天然植被生态需水最多，天然植被的生态需水量以 7 月为中心向两侧递减。其中，生长季 5—8 月，植被蒸腾作用显著，生态需水量最多，高达 3.032 亿~3.400 亿 m³，约是全年生态需水的 58.7% 左右。其余月份，干旱区植被受温度和地下水补给量的限制，蒸腾作用一般较生长季偏小，从而引起的天然植被的生态需水量也就相应较生长季偏少。

表 7-28　　　　　　塔里木河流域各月份潜水蒸发　　　　　（单位：mm）

月份	阿拉尔—英巴扎	英巴扎—恰拉	恰拉—台特玛湖
1	12.775	12.71	15.63
2	27.28	29.17	34.05
3	69.53	76.03	82.58
4	117.685	115.61	126.46
5	155.115	148.16	161.37
6	165.755	162.11	177.02
7	165.695	162.58	182.73
8	142.79	144.99	165.61
9	98.805	98.74	114.07
10	57.18	59.32	65.6
11	22.52	26.1	27.55
12	10.89	11.28	13.43

表 7-29 塔里木河流域各月份天然植被生态需水量 （单位：亿 m³）

月份	阿拉尔—英巴扎		英巴扎—恰拉		恰拉—台特玛湖		求和
	左岸	右岸	左岸	右岸	左岸	右岸	
1	0.056	0.027	0.092	0.031	0.066	0.028	0.300
2	0.124	0.058	0.200	0.067	0.100	0.043	0.592
3	0.317	0.150	0.486	0.163	0.315	0.136	1.567
4	0.518	0.245	0.743	0.250	0.461	0.199	2.416
5	0.676	0.320	0.949	0.319	0.578	0.250	3.092
6	0.728	0.344	1.041	0.350	0.621	0.269	3.353
7	0.729	0.345	1.074	0.361	0.622	0.269	3.400
8	0.635	0.300	0.974	0.327	0.556	0.240	3.032
9	0.437	0.207	0.671	0.225	0.404	0.175	2.119
10	0.256	0.121	0.386	0.130	0.246	0.106	1.245
11	0.105	0.050	0.162	0.054	0.119	0.052	0.542
12	0.049	0.023	0.079	0.027	0.063	0.027	0.268
求和	4.630	2.190	6.857	2.304	4.151	1.794	21.926

7.3.3 陆地生态需水量计算结果分析

为避免单一方法误差过大，对面积定额法和潜水蒸发法二者的估算结果求平均值，得到上、中、下游各河段天然植被生态需水量（表 7-30）。由表 7-30 可知，塔里木河干流天然植被的生态需水总量约为 24.309 亿 m³；阿拉尔—英巴扎段天然植被生态需水为 8.277 亿 m³，英巴扎—恰拉段为 10.041 亿 m³，恰拉—台特玛湖段为 5.992 亿 m³。

表 7-30 塔河干流上、中游天然植被生态需水 （单位：亿 m³）

河 段		天然植被生态需水量		
		面积定额法	潜水蒸发法	均值
阿拉尔—英巴扎	左岸	6.747	4.632	5.690
	右岸	2.984	2.190	2.587
英巴扎—恰拉	左岸	8.283	6.856	7.570
	右岸	2.637	2.305	2.471
恰拉—台特玛湖	左岸	4.167	4.149	4.158
	右岸	1.873	1.795	1.834
总 计		26.691	21.927	24.309

7.4　塔河下游地下水恢复需水量

塔里木河下游以胡杨为主体的天然植被严重退化，水资源时空格局受到人类高强度活动发生改变，大西海子以下生态问题尤为突出。2000 年来，"生态输水"工程实施后，下游生态环境退化趋势有所遏制。但是，人类活动影响下的下游段河道内、外生态需水量仍不明确。基于生态输水后下游径流资料，采用 Tennant 法对下游段大西海子以下河道内生态需水量进行估算，并基于地下水观测资料对下游地下水恢复量进行了探讨；同时，在天然植被遥感解译的基础上，采用潜水蒸发法和面积定额法对河道外植被生态需水量进行了估算，旨在为塔里木河下游水资源分配和管理提供理论依据。

沿下游河道两岸分布的天然植被，主要是非地带性的隐域植被，依靠地下潜水维持生命。由于下游段河道断流多年，造成地下水严重亏损，必须提供一部分水量将地下水恢复到目标水位，称为地下水恢复水量。另外，沿线乔、灌、草正常生长蒸腾消耗的水量，称为维持水量，即天然植被生态需水量。

7.4.1　地下水恢复量的计算方法

地下水恢复量（ΔW）示意图见图 7-2，地下水恢复量计算公式为

$$\Delta W = M \cdot \Delta H \cdot F \cdot n \tag{7.12}$$

式中，ΔH 为潜水水位上升幅度，M 为水位变动带的饱和差，F 为计算面积，n 为土壤容重。

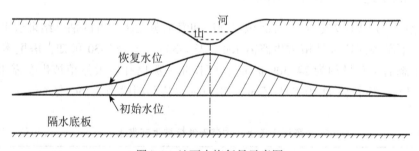

图 7-2　地下水恢复量示意图

7.4.2　地下水恢复需水量

通过多年的生态输水，下游河道两岸地下水埋深有所抬升，但是由于生态需水的"间歇性"特征，监测发现，下游地下水埋深并没有抬升至乔、灌正常生长的潜水水位（4~5m）。

塔里木河下游不同河段现状地下水埋深可通过 2023 年实际监测获得，根据樊自立等（2004）对下游的研究，下游不同河段地下水影响范围下水位变动带的饱和差，下游段土壤容重取均值 1.36 g/cm³，如表 7-31 所示。

表 7-31　　　　　　　　　**地下水恢复至 4m 和 5m 时恢复需水量**　　　　　（单位：亿 m³）

河　段	M	H	$\Delta H(4\mathrm{m})$	$\Delta H(5\mathrm{m})$	F	n	$\Delta W(4\mathrm{m})$	$\Delta W(5\mathrm{m})$
大西海子—英苏(其河)	0.1403	6.43	2.43	1.43	1.44	1.36	0.67	0.39
英苏—喀尔达依(其河)	0.1403	5.58	1.58	0.58	0.68	1.36	0.21	0.08
喀尔达依—阿拉干(其河)	0.1403	7.12	3.12	2.12	2.18	1.36	1.30	0.88
阿拉干—依干不及麻(其河)	0.2018	4.74	0.74	0.00	1.92	1.36	0.39	0.00
依干不及麻—台特玛湖(其河)	0.2018	5.14	1.14	0.14	1.14	1.36	0.36	0.04
大西海子—英苏(老塔河)	0.1403	6.43	2.43	1.00	1.08	1.36	0.50	0.21
英苏—阿拉干(老塔河)	0.1724	3.31	0.00	0.00	1.82	1.36	0.00	0.00
总　计							3.43	1.60

注：其河指其文阔尔河。

　　假定地下水量恢复需要 3 年完成，通过计算表明：若地下水埋深恢复至 5m，总恢复水量需要 1.6 亿 m³，每年恢复水量需要 0.53 亿 m³；若地下水埋深恢复至 4m，总恢复水量需要 3.42 亿 m³，则每年需恢复水量为 1.14 亿 m³。

　　为保持干流河道生态需水量计算结果的完整性，确定下游恰拉—大西海子河道基流生态需水量为恰拉河道最小过水流量 3.289 亿 m³ 与大西海子以下河道需水量(河道基流生态需水量+地下水恢复量)2.431 亿 m³ 的差值 0.858 亿 m³。

7.5　流域生态需水总量

　　按照生态需水量的分类，阿拉尔—英巴扎段河道内生态需水为 6.8 亿 m³，面积定额法和潜水蒸发法取均值得到阿拉尔—英巴扎段天然植被生态需水为 8.28 亿 m³；同理，英巴扎—恰拉段河道内、河道外生态需水量分别为 3.50 亿 m³ 和 10.04 亿 m³；恰拉—台特玛湖段河道内、河道外生态需水量分别为 3.16 亿 m³ 和 5.99 亿 m³，如表 7-32 所示。

　　综合考虑，塔河上游阿拉尔—英巴扎河段年生态需水量为 15.08 亿 m³；塔河中游英巴扎—恰拉河段年生态需水量为 13.54 亿 m³；塔河下游恰拉以下河段年生态需水量为 9.15 亿 m³。

表 7-32　　　　　　　　　**塔里木河干流代表断面生态需水量**　　　　　　（单位：亿 m³）

河段	阿拉尔—英巴扎	英巴扎—恰拉	恰拉—台特玛湖
河道内生态需水量	6.80	3.50	3.16
天然植被生态需水量	8.28	10.04	5.99
合计	15.08	13.54	9.15

塔里木河流域生态需水中，陆地生态需水量均大于河道内生态需水量，尤其是在中游段，陆地生态需水量远远大于河道内生态需水量，究其原因，是因为干旱区天然植被维持良好的生长状况需要消耗水量较大。塔河干流生境相对脆弱敏感，要想确保其水文-生态环境能够维持现有状态甚至有所良性发展，需要密切关注并保障流域的生态需水量。

7.6　耕地需水量

7.6.1　计算方法

耕地需水量通过毛耕地面积乘以净耕地系数，再乘以需水定额确定，计算公式如下：

$$Q = A \cdot R / \alpha \tag{7.13}$$

式中，A 为统计范围内耕地的面积，R 为单位面积耕地的净定额（$m^3/$亩），α 为灌溉水利用系数。干流净耕地系数取 0.6，单位面积耕地净定额取 $400 m^3/$亩。

7.6.2　灌区基本情况

河段区间总耗水量与河道内基流生态耗水量以及河道外耕地耗水量差值即为用于维持天然植被正常生长的水量。耕地耗水量可以通过不同河段净耕地面积与单位耕地面积耗水定额求得。

塔河干流灌区主要分布在阿拉尔到大西海子水库间的塔河干流两岸，灌区沿塔里木河呈狭长带状不连续分布。按行政区域分别归属阿拉尔市、沙雅县、库车市、轮台县、库尔勒市、尉犁县、第二师塔里木垦区。灌区分为三种类型：一是从水库引水的灌区，称为库灌区，目前有 7 个库灌区，分别为大寨水库灌区、帕满水库灌区、其满水库灌区、结然力克水库灌区、喀尔曲尕水库灌区、塔里木水库灌区和恰拉水库灌区；二是通过引水闸口从塔河直接引水的灌区，称为河灌区；三是从河道内扬水灌溉的灌区，称为泵灌区。

根据《塔里木河工程与非工程措施五年实施方案》，塔河干流 1998 年有耕地 134.57 万亩，为合理利用水土资源，节约用水，结合塔河干流上、中游现有灌区的实际情况，在 1998 年塔河干流上、中游灌区灌溉面积 94.07 万亩基础上，对 33 万亩耕地实施退耕自然封育，对上、中游规划保留的 58.21 万亩灌溉面积进行节水改造，2005 年规划年应有面积 98.71 万亩。由于退耕封育未落实，各地政府盲目批准垦荒开地，2013 年上中游土地面积已达到 125.91 万亩。加之塔里木河干流下游灌区面积约为 40.5 万亩，所以，整个塔里木河干流灌区灌溉总面积约为 166.41 万亩。

7.6.3　耕地耗水分析

根据现状年情况，塔里木河干流净耕地系数为 0.6，单位面积耕地的净定额取值 $400 m^3/$亩。采用式(7.12)对各河段耕地分配水量，计算结果见表 7-33。

表 7-33 　　　　　　　　　　干流上、中游段耕地耗水量计算

河　段	阿拉尔—新渠满	新渠满—英巴扎	英巴扎—乌斯满	乌斯满—恰拉	恰拉—台特玛湖	总　计
耕地面积(万亩)	37.65	51.20	20.59	16.47	40.50	166.41
需水量(万 m³)	2.51	3.41	1.37	1.10	2.70	11.09

为明确塔里木河干流各月农业引水情况，对多年来各河段在不同时段的农业引水比例进行了统计，得到各河段农业灌溉引水比例年内分布表(表 7-34)。从表 7-34 中可看出，塔河各河段引水量随年内月份变化而变化，阿拉尔—新渠满河段 1—6 月份农业引水比例较高，为 34%，这与阿拉尔垦区的春灌密切相关。总体而言，塔河干流各河段农业引水比例，以 8 月最高，其次是 7 月和 9 月；英巴扎—乌斯满段 8 月引水比例高达 43%，新渠满—英巴扎段为 34%。

表 7-34 　　　　　　　塔河干流在不同时段的农业引水比例

河　段	农业引水比例/%				
	1—6 月	7 月	8 月	9 月	10—12 月
阿拉尔—新渠满	34	16	26	9	15
新渠满—英巴扎	17	18	34	12	19
英巴扎—乌斯满	11	23	43	12	11
乌斯满—恰拉	31	19	20	4	27
恰拉—台特玛湖	27	20	31	7	15

结合表 7-33 和表 7-34，得到塔里木河各河段在不同时段的农业引水量，如表 7-35 所示。从各河段来看，上游的阿拉尔—新渠满河段农业引水量最大，为 2.5 亿 m³，最小值在乌斯满—恰拉河段，为 1.1 亿 m³；从整体来看，上游农业引水总量为中游的 2.39 倍；从各月份来看，8 月份农业引水量最大，占总引水量的 31.2%，9 月份的引水量最小，仅为总引水量的 9.1%。

表 7-35 　　　　　塔河干流在不同时段的农业引水量　　　　　(单位：亿 m³)

河　段	农业引水量/亿 m³					
	1—6 月	7 月	8 月	9 月	10—12 月	合计
阿拉尔—新渠满	0.85	0.39	0.65	0.22	0.39	2.50
新渠满—英巴扎	0.57	0.62	1.15	0.39	0.66	3.40
英巴扎—乌斯满	0.15	0.31	0.60	0.17	0.14	1.37

河 段	农业引水量/亿 m³					
	1—6 月	7 月	8 月	9 月	10—12 月	合计
乌斯满—恰拉	0.34	0.21	0.22	0.04	0.29	1.10
恰拉—台特玛湖	0.73	0.54	0.84	0.19	0.41	2.70
合计	2.64	2.07	3.46	1.01	1.89	11.07

7.7 本章小结

(1)塔里木河干流阿拉尔站年最小、适宜下限、适宜上限和最大生态环境流量分别为 14.7 m³/s、42.4 m³/s、122.8 m³/s 和 354.9 m³/s;英巴扎站年最小、适宜下限、适宜上限和最大生态环境流量分别为 3.4 m³/s、10.8m³/s、48.3 m³/s 和 227.5 m³/s。

(2)塔河干流河道内生态需水,采用综合逐月频率法、RVA 法和 Tennant 法,计算得到推荐阿拉尔、英巴扎和恰拉断面河道内适宜生态-环境需水量分别为 13.46 亿 m³、6.66 亿 m³ 和 3.16 亿 m³。

(3)塔河干流河道外天然植被生态需水,选用面积定额法和潜水蒸发法,计算得到推荐阿拉尔—英巴扎段、英巴扎—恰拉段、恰拉—台特玛湖段天然植被生态需水量依次是 8.277 亿 m³、10.041 亿 m³ 和 5.992 亿 m³。

(4)综上所述,塔里木河干流上游阿拉尔—英巴扎河段年生态需水量为 15.08 亿 m³,中游英巴扎—恰拉河段年生态需水量为 13.54 亿 m³,下游恰拉以下河段年生态需水量为 9.15 亿 m³。为了保护塔里木河干流流域沿岸敏感的生态环境状况,保障流域内适宜的生态需水量是其必经之路。

(5)正常年份,阿拉尔、英巴扎、恰拉 3 个水文控制断面的过水量分别应控制在 43.77 亿 m³、26.11 亿 m³ 和 8.44 亿 m³;干旱情景下,阿拉尔、英巴扎、恰拉三个水文控制断面的过水量分别应控制在 35.33 亿 m³、20.59 亿 m³ 和 6.42 亿 m³;重度干旱情景下,阿拉尔、英巴扎、恰拉三个水文控制断面的过水量分别应控制在 28.99 亿 m³、16.05 亿 m³ 和 4.35 亿 m³;特大干旱情景下,阿拉尔、英巴扎、恰拉三个水文控制断面的过水量分别应控制在 28.39 亿 m³、14.86 亿 m³ 和 2.81 亿 m³。

第 8 章　塔里木河流域生态调度模拟

8.1　MIKE SHE 模型

8.1.1　模型简述

MIKE SHE 是一个能够模拟完整水文循环过程的分布式物理模型,由丹麦水力学研究所(DHI)在 20 世纪 90 年代初开发研制而成。该模型功能强大,应用尺度和范围较广,利用 RS 和 GIS 技术提供数据支持,能很好地体现流域下垫面及气候因素的时空分布的异质性。

MIKE SHE 模型将研究流域划分为许多矩形网格来模拟水流运动。MIKE SHE 模拟的主要水文过程为:降水、蒸散发、地表径流、非饱和带、饱和带、融雪及各过程之间的相互作用。各个水文过程由模型对应的各个模块独立进行模拟,根据不同的要求这些模块可以综合起来应用,描述流域内的整个水文循环过程。

模型实际蒸散发量由 Kristensen and Jensen 模型根据潜在蒸散发量和根系层土壤含水量进行模拟,输入数据包括潜在蒸散发量、叶面积指数和根系深度等;对于坡面漫流则采用有限差分方法求解二维形式的圣维南扩散波近似方程得到;河道流由 MIKE 11 模块耦合,求解一维形式的圣维南方程计算;对非饱和流的模拟主要采用 Richards 方程以隐式有限差分方法求解,或者采用双层水量平衡以及采用重力流机制进行模拟运算;对于饱和流,则以三维 Darcy 定律描述了地下水头的时空变化,并用隐式有限差分法进行求解,或采用线性水库法模拟运算。

8.1.2　模型分布式架构

分布式水文模型通过将研究区域划分为大量的水文计算基本单元(如栅格、不规则三角网、水文相似单元、子流域等)来考虑各种水文响应影响因素的空间分布。由于集中式模型以整个流域为一个基本单元进行水文计算,对水循环影响因子的异质性和变异性无充分考虑,无法提供水文变量在空间上的分布,满足不了水资源规划管理和流域内各处水情预报和模拟的需要。分布式模型的提出很大程度地解决了此类问题。

分布式模型的数据源输入多为分布式的,可以充分考虑水文循环各个因素的空间分布情况。它一般建立在 DEM 的基础上,在 DEM 所划分的流域网格单元上建立水文模型,根据遥感、地理信息、土地利用、植被、土壤、地质、水文气象信息,综合考虑模型的物理参数,通过参数优选技术确定所有模型参数。

MIKE SHE 模型是一个典型的分布式水文模型。模型中，流域在平面被划分成许多大小相同的矩形网格(grid cells)，并将不同参数赋予各网格单元，这样便于处理模型参数、降雨输入以及水文响应的空间分布性；在垂直面上，则划分成几个水平层，以便处理不同层的土壤水运动问题。MIKE SHE 模型应用数值分析来建立相邻网格单元之间的时空关系，即为具有物理基础的分布式水文模型。

MIKE SHE 模型与 RS 及 GIS 紧密耦合，利用 RS 及 GIS 技术实现分布式水文模型空间地理的离散。GIS 输入输出的数据结构与 MIKE SHE 能够很好地交互，通过 GIS 技术提取的流域边界、地形和水系情况，可直接导入模型中进行计算分析。利用 RS 数据，可分析得到空间分布的植被、土壤情况，如植被叶面积指数(LAI)的空间分布等。RS 的栅格式数据与 MIKE SHE 模型也有很好的一致性，为模型信息提供和数据支持带来了方便。

8.1.3　模型水文过程描述

MIKE SHE 是一个能够模拟完整水文循环过程的分布式物理模型(如图 8-1 所示)，采用模块化结构来描述各个不同的水文过程。其中水流运动(WM)模块为描述水文循环的基本模块，该模块包括若干基于过程的子模块，每个子模块用于一个主要的水文过程的描述，如蒸散发(ET)、地表径流(包括坡面漫流 OL 和河道流 OC)、非饱和带(UZ)、饱和

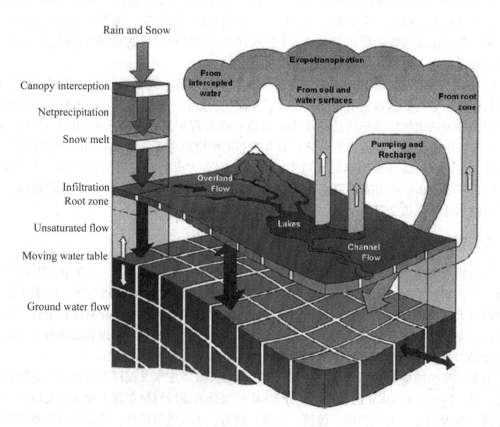

图 8-1　MIKE SHE 模型水文过程

带(SZ)、融雪(SM)以及地下水与地表水的交换作用(EX)。同时，每个子模块都是独立且相互联系的，根据不同的要求可以综合起来应用，描述流域内的整个水文循环过程。各个子模块的原理和计算方法如下。

1. 蒸散发(ET)

MIKE SHE 模型对蒸散发的模拟主要分为以下 4 个过程：

(1)一定比例的降雨被植被冠层截流，并在冠层直接蒸发。

(2)剩下的雨水到达土壤表层，产生地表径流或者渗透到非饱和带。

(3)部分下渗的水通过上层根区土壤蒸发或被植被根系吸收后通过植物散发。

(4)剩下的下渗水补充饱和带地下水。

MIKE SHE 中对蒸散发的模拟主要是依据 Kristensen and Jensen 方程，相应的非饱和带模拟为 Richards 方程或重力流方法。另外 MIKE SHE 还包含一个简化的蒸散发模型，且已合并到与其相应的非饱和带模型中，构成非饱和带双层 UZ/ET 模型。

在 Kristensen and Jensen 模型中，实际蒸散发和实际根区土壤水分情况是参考蒸散发率、植被最大根系深度和叶面积指数 LAI 来计算的。而且模型通常假定气温大于零摄氏度，意味着降水中不会包含降雪成分。该模型主要分为以下几个部分来模拟实际蒸散发：

1)积雪蒸发

积雪蒸发分为湿雪蒸发($ET_{wetsnow}$)和干雪蒸发($ET_{drysnow}$)两种。

$$ET_{snow} = ET_{wetsnow} + ET_{drysnow} \tag{8.1}$$

首先，根据实际情况，积雪会从湿雪蒸发开始。

$$ET_{wetsnow} = ET_{ref} \cdot \Delta t \tag{8.2}$$

式中，ET_{ref} 为参考蒸散发量(mm)，Δt 为时长。

如果湿雪量不足导致不能满足实际蒸发量，干雪将以升华的形式进行蒸发。

$$ET_{drysnow} = ET_{ref} \cdot S_f \cdot \Delta t \tag{8.3}$$

式中，S_f 为升华换算系数。

如果积雪储量不足，则积雪蒸发作用会将全部的积雪蒸发。

2)植被冠层截流与蒸发

降水到达植被冠层后，一部分会被植被的叶、枝和茎等截流，并直接蒸发到大气中。截流过程被概化为截流量来进行计算。截流能力 I_{max} 的大小取决于植被类型和其生长情况，通过叶面积指数 LAI 来表示。

$$I_{max} = C_{int} \cdot LAI \tag{8.4}$$

式中，I_{max} 为截流能力(mm)，C_{int} 为截流系数，LAI 为叶面积指数。

当有足够的降水被植被冠层截流时，截流蒸发量是等于参考蒸散发量的。

$$E_{can} = \min(I_{max}, \ ET_{ref}\Delta t) \tag{8.5}$$

式中，E_{can} 为植被冠层蒸发量(mm)，ET_{ref} 为参考蒸散发量(mm)，Δt 为时长。

3)植被散发

植被散发量 E_{at} 取决于植被密度(如叶面积指数 LAI)、根区土壤含水量 θ 以及根系密度。

$$E_{at} = f_1(\text{LAI}) \cdot f_2(\theta) \cdot \text{RDF} \cdot \text{ET}_{ref} \tag{8.6}$$

式中，E_{at} 为实际植被散发量（mm），$f_1(\text{LAI})$ 为叶面积指数函数，$f_2(\theta)$ 为根区土壤含水量函数，RDF 为根系分布函数。

叶面积指数函数 $f_1(\text{LAI})$ 表达了植被散发对叶面积指数的依赖性。

$$f_1(\text{LAI}) = C_2 + C_1 \text{LAI} \tag{8.7}$$

式中，C_1 和 C_2 为经验参数。

根区土壤含水量函数 $f_2(\theta)$ 如下。

$$f_2(\theta) = 1 - \left(\frac{\theta_{FC} - \theta}{\theta_{FC} - \theta_W} \right)^{\frac{C_3}{E_p}} \tag{8.8}$$

式中，θ_{FC} 为田间持水量，θ_W 为植被凋萎含水量，θ 为实际土壤含水量，C_3 为经验参数。

植被根系吸水对散发的影响随季节变化而不同，实际上，根系分布函数 RDF 是一个复杂的过程，取决于气象条件和土壤含水量。

$$\text{RDF} = \int_{Z1}^{Z2} R(z)\, \mathrm{d}z \Big/ \int_{0}^{L_R} R(z)\, \mathrm{d}z \tag{8.9}$$

式中，分子为土层 $Z1 \sim Z2$ 中根系吸收的水量，分母为地表到最大根系深度 L_R 的土层中根系吸收的水量。其中

$$\log R(z) = \log R_0 - \text{AROOT} \cdot z \tag{8.10}$$

式中，R_0 为土壤表层根系吸收的水量，AROOT 为描述根系质量分布的一个参数，z 为地面以下深度。

4）土壤蒸发

MIKE SHE 模型认为土壤蒸发 E_S 发生在非饱和带土壤的上层。土壤蒸发由基本蒸发量和当土壤含水量达到田间持水量时的额外蒸发量组成。

$$E_S = \text{ET}_{ref} \cdot f_3(\theta) + (\text{ET}_{ref} - E_{at} - \text{ET}_{ref} \cdot f_3(\theta)) \cdot f_4(\theta) \cdot (1 - f_1(\text{LAI})) \tag{8.11}$$

式中，ET_{ref} 为参考蒸散发量（mm），E_{at} 为实际植被散发量（mm），$f_1(\text{LAI})$ 为叶面积指数函数。$f_3(\theta)$ 和 $f_4(\theta)$ 的表达式如下。

$$f_3(\theta) = \begin{cases} C_2, & \theta \geqslant \theta_W \\[2mm] C_2 \dfrac{\theta}{\theta_W}, & \theta_r \leqslant \theta \leqslant \theta_W \\[2mm] 0, & \theta \leqslant \theta_r \end{cases} \tag{8.12}$$

$$f_4(\theta) = \begin{cases} \dfrac{\theta - \dfrac{\theta_W + \theta_{FC}}{2}}{\theta_{FC} - \dfrac{\theta_W + \theta_{FC}}{2}}, & \theta \geqslant \dfrac{(\theta_W + \theta_{FC})}{2} \\[4mm] 0, & \theta < \dfrac{(\theta_W + \theta_{FC})}{2} \end{cases} \tag{8.13}$$

式中，θ_{FC} 为田间持水量，θ_W 为植被凋萎含水量，θ_r 为土壤剩余含水量，θ 为实际土壤含水量，C_2 为经验参数。

另外一种简化的蒸散发模型为非饱和带双层 UZ/ET 模型，又称双层水量平衡模型。该模型运用的方法为双层水量平衡法。将整个非饱和带看作两层，主要作用是计算实际蒸散发量和对饱和带的补给水量。双层水量平衡模型中包含了对截流、填洼和蒸散发的描述，需要用的土壤物理参数主要包括：饱和含水率(water content at saturation)、田间持水率(water content at field capacity)、凋萎系数(water content at wilting point)、饱和水力传导度(saturated hydraulic conductivity)、蒸发表面深(ET surface depth)。该模型输出的模拟结果为蒸散发和地下水补给量。

2. 非饱和带(UZ)

非饱和带水流模拟不仅仅是 MIKE SHE 模型的一个核心过程，也是大多数模型应用的主要过程。对非饱和带的描述通常表现为降水补给、蒸散发耗散和对地下水的补给。由于下渗中重力为主要因素，所以非饱和带的水流运动主要为纵向。MIKE SHE 对非饱和带的模拟为一维纵向的，主要有三种方法描述水流运动：Richards 方程、重力流方法和双层水量平衡法。Richards 方程是模型中计算量最大，也是描述非饱和带水流最精确的方法；如果模拟的重点是基于实际降水量和蒸散发量计算地下水补给量，而不是水流的动态变化，则重力流方法是比较合适的；而如果地下水位较浅，地下水的补给量主要由植被根区蒸散发影响，则双层水量平衡法比较合适。

3. 饱和带(SZ)

MIKE SHE 饱和带模块中的三维有限差分法(3D Finite Difference Method)描述了三维饱和地下水流的运动情况，主要运用三维 Darcy 定律描述了地下水头的时空变化，并用隐式有限差分法进行求解。求解算法有两种：PCG(前承条件共轭梯度法)和 SOR(超松弛迭代法)。计算公式如下：

$$\frac{\partial}{\partial x}\left(K_{xx}\frac{\partial h}{\partial x}\right) + \frac{\partial}{\partial y}\left(K_{yy}\frac{\partial h}{\partial y}\right) + \frac{\partial}{\partial z}\left(K_{zz}\frac{\partial h}{\partial z}\right) - Q = S\frac{\partial h}{\partial t} \tag{8.14}$$

式中，K_{xx}，K_{yy}，K_{zz} 为沿 x，y，z 轴方向的水力传导度；h 为地下水头；Q 为源汇项；S 为储水系数。

饱和带模块中模拟地下水的另一种方法为线性水库法(Linear Reservoir Method)。饱和带线性水库模型是 MIKE SHE 中物理机制分布式模型的替代模型。由于受到数据获取、参数估计以及计算条件的限制，会带来复杂流域模拟的一些困难。这种情况下，运用线型水库模型概念性集总描述地下水流，并结合分布式的具有物理意义的地表参数，能有效地简化模型，以及广泛运用。

4. 坡面漫流(OL)

当降水量超过土壤下渗能力和地面填洼能力时，地表水沿着坡面汇流到河道，产生坡面漫流。坡面漫流的路径和流量受很多因素的影响，如地形、水流阻力以及沿程的下渗和蒸发等。MIKE SHE 坡面漫流(OL)模块运用二维圣维南方程组或者基于曼宁公式的半分布式方法来对坡面漫流进行描述。

二维圣维南方程连续方程如下：

$$\frac{\partial h}{\partial t} + \frac{\partial}{\partial x}(uh) + \frac{\partial}{\partial y}(vh) = I \tag{8.15}$$

式中，h 为过水断面水位，t 为时间，u 为 x 方向流速，v 为 y 方向流速，I 为源汇项。

二维圣维南方程动量方程如下：

x 方向：

$$S_{fx} = S_{ox} - \frac{\partial h}{\partial x} - \frac{u}{g}\frac{\partial u}{\partial x} - \frac{1}{g}\frac{\partial u}{\partial t} - \frac{qu}{gh} \tag{8.16}$$

y 方向：

$$S_{fy} = S_{oy} - \frac{\partial h}{\partial y} - \frac{v}{g}\frac{\partial v}{\partial y} - \frac{1}{g}\frac{\partial v}{\partial t} - \frac{qv}{gh} \tag{8.17}$$

式中，S_{ox}、S_{oy} 为 x、y 方向的坡度，S_{fx}、S_{fy} 为 x、y 方向的摩擦项。

MIKE SHE 运用扩散波近似的方法对圣维南方程动量方程进行简化，忽略动量方程的后三项惯性项。

近似后二维圣维南方程动量方程如下：

x 方向：

$$S_{fx} = S_{ox} - \frac{\partial h}{\partial x} = -\frac{\partial z_g}{\partial x} - \frac{\partial h}{\partial x} \tag{8.18}$$

y 方向：

$$S_{fy} = S_{oy} - \frac{\partial h}{\partial y} = -\frac{\partial z_g}{\partial y} - \frac{\partial h}{\partial y} \tag{8.19}$$

由于 $z = z_g + h$，可继续简化得：

x 方向：

$$S_{fx} = -\frac{\partial}{\partial x}(z_g + h) = -\frac{\partial z}{\partial x} \tag{8.20}$$

y 方向：

$$S_{fy} = -\frac{\partial}{\partial y}(z_g + h) = -\frac{\partial z}{\partial y} \tag{8.21}$$

由此可联立求解圣维南方程组，采用有限差分法（Finite Difference Method）进行求解。

5. 河道流（OC）

MIKE SHE 模型本身不具备模拟河道水力学运动的模块，需要借助 MIKE 系列河道水动力学模块 MIKE 11 进行模拟。MIKE SHE 与 MIKE 11 的耦合可以很好的对流域河道水流进行描述。

MIKE 11 中水动力模型 MIKE 11 HD 模块为模拟的核心模块，其基于一维圣维南方程组，运用隐式有限差分法求解计算得到河道的水位和流速。

6. 融雪（SM）

融雪是一个非常重要的现象，在高寒地区，它能极大地影响春季径流的时间和径流量，所以对融雪过程实际情况的模拟也显得非常重要。

MIKE SHE 中对融雪的描述运用的度-日因子法（degree-day method）。度-日因子法是基于冰雪消融与气温尤其是冰雪表面的正积温之间的线性关系而建立的，这一概念是由 Finsterwalder 等在阿尔卑斯山冰川变化研究中首次引入的，随后被广泛应用于北欧、阿尔卑斯山、格陵兰冰盖、青藏高原等地区的冰雪消融研究中。其计算公式的一般形式如下：

$$M_T = C_T(T_{air} - T_0) \tag{8.22}$$

式中，M_T 为融雪速率(mm/d)，C_T 为融雪系数(mm/(d·℃))，T_{air} 为空气温度(℃)，T_0 为融点(℃)。

融雪系数 C_T，不仅反映了气温与融雪之间的关系，还反映了多年平均情况下辐射对于融雪的影响。辐射随着太阳高度角变化，所以，C_T 有季节变化，而且各地有差异，比如纬度，山地坡向等都将影响 C_T 值。

降雨中带来的热量引起的融雪也是融雪过程的重要因素之一，特别是在春季。假定雨水温度与气温相等，由降雨引起的融雪量计算公式如下：

$$M_R = C_R \cdot P \cdot (T_{air} - T_0) \tag{8.23}$$

式中，M_R 为由降雨引起的融雪速率(mm/d)，C_R 为由降雨引起的融雪系数(mm/(d·℃))，P 为降雨量，T_{air} 为空气温度(℃)，T_0 为融点(℃)。

总融雪量为以上两项融雪量相加，即 $M = M_T + M_R$。

8.2 MIKE SHE 一维非饱和带模拟

非饱和带水流模拟是 MIKE SHE 模型的一个核心过程，由于重力在下渗过程中为主要因素，所以非饱和带水流运动过程的模拟是一维纵向的。MIKE SHE 模型中包含 3 种描述一维非饱和带水流的方法，分别是 Richards 方程、重力流方法和双层水量平衡法。

非饱和带土壤水和饱和带地下水的交互过程是由大量的平衡迭代过程描述。地下水的补给取决于非饱和带的实际水分分布情况。水流运动至饱和带导致水位上升，进而影响非饱和带的水流流态，非饱和带与饱和带水流相互影响，所以以确切描述地下水补给过程是较为复杂的。实际的地下水位补给取决于地下水面上方的土壤水分含量，影响因素包括非饱和带水分储量、土壤特性以及地下水流运动。MIKE SHE 模型通过使用大量的迭代过程，解决了饱和带与非饱和带的交互耦合的问题，并考虑了饱和带的源汇项。

1. Richards 方法

Richards 方程是各向同性土壤、不可压缩液体、一维情形的非饱和水流运动的控制方程。它是由非饱和水流的达西定律和连续性方程联立构成的基本微分方程式。

$$C \frac{\partial \varphi}{\partial t} = \frac{\partial}{\partial z}\left(K(\theta) \frac{\partial \varphi}{\partial z}\right) + \frac{\partial K(\theta)}{\partial z} - S \tag{8.24}$$

式中，C 为比水容量，φ 为非饱和土壤水总势，θ 为土壤含水量，z 为垂直方向坐标，$K(\theta)$ 为非饱和水力传导度，S 为根系吸收源汇项，t 为时间。MIKE SHE 运用隐式有限差分法对方程进行求解，并解决了非线性土壤土质中解的稳定性和收敛性问题。

Richards 方程法是 MIKE SHE 模型中针对非饱和带水流动态模拟的最为准确的方法，但是由于这种方法计算量较大，模型的运行时间较长，效率较低。而且这种方法对土壤资料的详细程度具有很高的要求，包括土壤水分特征曲线参数、土壤水力传导系数等。

2. 重力流方法

MIKESHE 模型中重力流方法是一种运用简化的 Richards 方程的方法，其忽略毛管作用力对非饱和带水流运动的影响，仅仅使得重力成为驱动水流运动的唯一作用力。这种假设是为了简化计算过程从而提高计算效率而提出的。

重力流方法计算方程式如下：

$$\frac{\partial \theta}{\partial t} = -\frac{\partial q}{\partial z} - S(z) \tag{8.25}$$

$$q = -K(\theta) \tag{8.26}$$

式中，θ 为土壤含水量，z 为垂直方向坐标，$k(\theta)$ 为非饱和水力传导度，S 为根系吸收源汇项，t 为时间。从计算公式可以看出，体积流量可简单地由非饱和水力传导度得到。计算过程由顶层开始，在过程中流量先由非饱和水力传导度也就是土壤含水量 θ 计算得到，而后由计算得到的流量反算得出土壤含水量，形成迭代过程，最终算出网格出流流量。

3. 双层水量平衡法

双层水量平衡法是由 Yan and Smith（1994）提出的一种较为简单的计算非饱和带水流过程的方法。在双层水量平衡模型中非饱和带被划分为两层，其中上层表示的土壤层中的水分可以被蒸散发耗散，下层表示的土壤层中的水分可以补给地下水，蒸散发深度为上下层之间的界线，包括植被冠层截流蒸发、地表洼地蒸发、非饱和带植被散发、地下水蒸发等。蒸散发量的计算最为关键，其决定了整个非饱和带水分的分配情况。计算基于潜在蒸散发量以及土壤参数包括田间持水量和凋萎含水量。当土壤含水量高于田间持水量时，按潜在蒸散发量计算；当土壤含水量低于凋萎含水量时，蒸散发量为零；当土壤含水量介于田间持水量和凋萎含水量之间时，运用线性递减方程对蒸散发量进行描述。下渗的水量扣除蒸散发量及对非饱和带土壤水的补给量可得到对饱和带地下水的补给量。这种方法的模型结构简单，计算效率较高。

8.3　干流生态调水模拟模型构建

8.3.1　基础数据

塔里木河干流位于塔里木盆地北缘，东经 81°51′~88°30′和北纬 39°30′~41°35′之间，西始于叶尔羌河、和田河和阿克苏河三河交汇处的肖夹克，东至尾闾台特玛湖，海拔高程 760~1020m，全长 1321km，流域面积 1.76 万 km²。历史上塔里木河流域的九大水系均有水汇入塔里木河干流，目前与塔里木河干流有地表水联系的只有和田河、叶尔羌河和阿克苏河三条源流，2000 年以来，为拯救下游绿色走廊，每年从博斯腾湖经孔雀河向干流下游进行生态输水，从而形成了塔里木河"四源一干"水系格局。其中阿拉尔水文站至英巴扎水文站为上游，英巴扎至恰拉为中游，恰拉至台特玛湖为下游。

本章数据中，塔里木河干流气象资料来自国家气象信息中心-中国气象数据网，包括逐日降雨、蒸发量数据，日平均温度、最高温度及最低温度、平均风速和日照时间等。水文数据来自塔里木河流域管理局提供的 1956—2023 年的干流各水文站逐日径流资料；地下水资料来自塔里木河流域干流水利管理中心提供的 2004—2023 年地下水埋深数据；生态输水数据来自塔里木河流域管理局提供的 2000—2023 年数据资料。

基于 DEM 提取的流域边界作为模型边界，将边界信息转化为 .shp 格式输入模型，地图投影类型选择为 WGS_1984_UTM_Zone_43N，原点（Catchment origin）$X_0 = 987318m$，$Y_0 = 4435358m$，如图 8-2 和图 8-3 所示。本章将流域划分为 630000 个网格，其中水平方向 $N_X = 1400$，垂直方向 $N_Y = 450$，网格大小 Cell size = 500m，塔里木河干流土地利用图如图 8-3 所示。

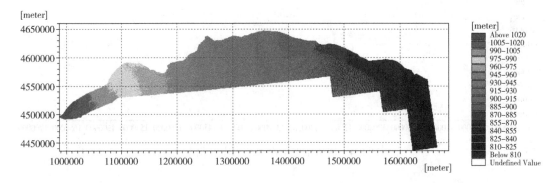

图 8-2　塔里木河干流地形图

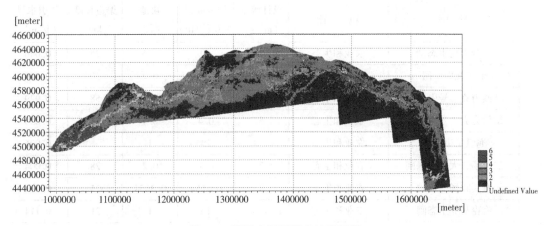

图 8-3　塔里木河干流土地利用图

8.3.2　模型构建

地表水模块，耦合 MIKE11，依据前期收集整理的干流生态闸、水库等引水设施数据，对塔河干流河道人工引水进行概化，最终干流上游和中游共概化 56 处引水闸，其中 6 处为水库引水闸。下游则以大西海子水库为控制点，控制下泄流量。水库引水制度按照塔河上、中游水库灌区现状引水过程将每月引水量平均分配到每一天，而生态闸引水制度则按照塔河上、中游河（泵）灌区现状引水过程统一平均求出各月所占比例，再将各生态闸多年平均引水量进行年内分配。同时在模型中针对耕地部分灌溉量进行优化，为了简化模型，统一选取一种植被的灌溉制度进行灌溉方案设置，灌溉水源则设置成就近的河道取水。河道生态引水闸及水库概化图如图 8-4 所示。上游生态闸主要水力特性表如表 8-1 所示；中游生态闸主要水力特性表如表 8-2 所示；塔河上、中游水库灌区 2020 年引水过程表如表 8-3 所示；塔河上、中游河（泵）灌区 2020 年引水过程表如表 8-4 所示。

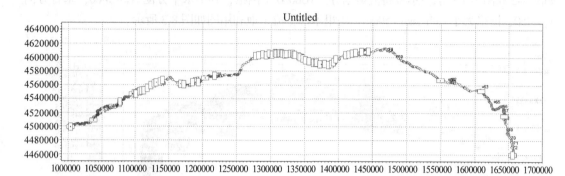

图 8-4　河道生态引水闸及水库概化图

表 8-1　　　　　　　　　　　　上游生态闸主要水力特性表

	生　态　闸	功　　能	设计流量（m³/s）	控制灌溉面积(万亩)	耕地面积	渠道长度（km）	年引水量（亿 m³）
上游	夏合力克生态闸	农业和生态	7	10	0.6	25	0.046
	卡尔瓦引水闸	农业和生态	5	11.18	0.2	30	0.009
	结然力克二号引水闸	农业和生态	60.7	27.86	4.86	58	0.929
	结然力克一号引水闸	农业和生态	5	0.4	0.4	15	0.033
	泡墩渠生态闸	农业和生态	18.87	24	1		0.096
	二牧场二大队引水闸	农业和生态	2	0.2	0.2	28	0.004
	海楼牧场引水闸	农业和生态	8	0.3654	0.3654	25	0.014
	恰克马克生态闸	农业和生态	16.3	16	1	21	0.114
	金托生态闸	农业和生态	19.5	16.8	1.8	70	0.199
	阔什桥生态闸	农业和生态	9.7	5.2	0.2	40	
	沙德克确了生态闸	农业和生态	11.4	8.7	1.7	40	
	其满水库引水闸	水库、农业生态	20	13.87	3.87	56	0.537
	大寨引水闸	水库、农业和生态			7.72	0.998	
	帕满引水口	农业和生态				11.446	1.11
	吐江渠生态闸	农业和生态	8	16.5	0.5	45	0.01
	文化渠生态闸	农业和生态	6	18.5	0.5	25	0.017
	吉格达拉西生态闸	农业和生态	21.2	16.7	1.7	25	0.288
	吐皮塔西提闸	农业和生态	40	50.19	4.19	40	0.889

134

表 8-2 中游生态闸主要水力特性表

	生态闸	功 能	设计流量（m^3/s）	控制灌溉面积(万亩)	耕地面积	渠道长度（km）	年引水量（亿m^3）
中游	解放渠生态闸	农业和生态	28.4	32.82	0.85	83	0.39
	塔里克吾斯坦生态闸	生态	22.7	5	0	4	0.073
	儿哥德里克引水闸	生态	19.4	47.82	0	60	0.084
	卡哈吐合地生态闸	生态	72.4	21.4	0	7.5	0.082
	老沙吉里克生态闸	农业和生态	11.3	14.644	0.074	82	0.039
	新沙吉里克生态闸	农业和生态	33.9	14.34	0.58	87	0.418
	帕恰恰克生态闸	生态	17.7	27.95	0	4.5	0.018
	砍白尔乌斯坦生态闸	生态	9	10.99	0	0.2	0.013
	艾沙阿吉生态闸	生态	13.4	17.74	0	45	0.011
	塔里西达里亚引水闸	生态	18.4	43.24	0	12	0.019
	艾买塔克塔闸	农业和生态	54.6	11.96	0.23	82	0.388
	新哈斯木导克特生态闸	生态	16.4	4	0	15	0.031
	赛耐克乌斯坦生态闸	生态	10.2	11.13	0	85	0.025
	吾甫恰甫提引水闸	生态	7.4	9.53	0	60	0.011
	胡地英拜地生态闸	生态	9.7	12.9	0	95	0.017
	老哈斯木导克特生态闸	生态	15	43.21	0	16	0.015
	沙子河引水闸	农业和生态	50.9	94	4	120	0.764
	托克拉克霍坦生态闸	生态	8	12	0	20	0.037
	亚森卡德尔生态闸	农业和生态	36.4	27	5	80	1.126
	帕克托克生态闸	生态	11				
	帕塔木引水闸	农业	36.4	60	60	26	0.348
	喀尔曲尕水库进水闸	农业	18	2	2	30	0.387
	吾首汗引水闸	生态	8	5	0	16	0.034
	苏盖提生态闸	生态	5	3	0	100	0.764
	上学堂引水闸	生态	10.15	10	0	15	0.039
	夏代生态闸	生态	5	10	0	2	0.025
	依兰力克生态闸	生态	8	15	0	1	0.04
	乌斯满引水闸	水库、农业和生态	129	127	7		0.936
	新喀尔曲尕生态闸	生态					0.162
	同苏尔亚斯克生态闸	生态	5	5	0	1	0.009
	纳司尔生态闸	生态	5	5	0	2	0.015
	阿特雷坦生态闸	生态	5	10	0	3	0.032

续表

生态闸		功　能	设计流量 (m³/s)	控制灌溉 面积(万亩)	耕地 面积	渠道长度 (km)	年引水量 (亿 m³)
中 游	吉哥德生态闸	生态	8	7	0	2	0.062
	司马义生态闸	生态	5	6.3	0	1	0.029
	霍尔加生态闸	生态	5	4.1	0	0.3	0.037
	霍拉斯生态闸	生态	5	6	0	0.2	0.633
	阿其克河口分水枢纽	分水渭干河	280				
	灿木里克生态闸	生态	32.8	29.89	0	2	0.138

表 8-3　　　　　　塔河上、中游水库灌区 2020 年引水过程表　　　　（单位：万 m³）

灌区	月　　份												全年
	1 月	2 月	3 月	4 月	5 月	6 月	7 月	8 月	9 月	10 月	11 月	12 月	
结然力克水库	2087	1826	391	0	0	0	3131	3913	4174	0	0	1044	16566
其满水库	923	807	173	0	0	0	1384	1730	1845	0	0	461	7323
帕满水库	3526	3085	661	0	0	0	5289	6611	7051	0	0	1763	27986
大寨水库	1465	1282	275	0	0	0	2197	2746	2929	0	0	732	11626
喀尔曲尕水库	304	285	190	0	0	0	475	932	761	380	0	285	3612
塔里木水库	1296	1215	810	0	0	0	2025	3968	3239	1620	0	1215	15388
合计	9601	8500	2500	0	0	0	14501	19900	19999	2000	0	5500	82501

表 8-4　　　　　　塔河上、中游河（泵）灌区 2020 年引水过程表　　　　（单位：万 m³）

灌区	月　　份												全年
	1 月	2 月	3 月	4 月	5 月	6 月	7 月	8 月	9 月	10 月	11 月	12 月	
沙雅县河灌区	0	0	2331	113	193	2176	2789	3417	118	77	1699	1699	14612
库车市河灌区	0	0	470	79	78	491	606	722	71	26	364	346	3253
轮台县河灌区	0	0	664	165	156	723	885	1072	150	97	529	475	4916
尉犁县河灌区	0	0	1013	257	0	0	5118	4874	232	2854	3404	723	18475
库尔勒河灌区	0	0	176	38	0	0	237	262	33	27	143	143	1059
轮台县泵灌区	0	0	554	11	10	485	643	801	3	5	396	396	3304
尉犁县泵灌区	0	0	987	36	0	0	1154	1428	31	23	713	713	5085
合计	0	0	6195	699	437	3875	11432	12576	638	3109	7248	4495	50704
比例			15	3	2	15	20	22	2	2	11	8	

8.4 各河段径流耗散量模拟

8.4.1 数据来源

所用年径流量资料来自塔河干流阿拉尔、英巴扎、卡拉三个水文站 1957—2023 年共 67 年的年径流量实测数据。阿拉尔站是上游三源流水量进入塔河干流的控制站，也是干流上的第一个水文站；英巴扎站位于干流上中游交界处，是上游水量进入中游的控制点；卡拉站位于干流中下游交界处，是中游水量进入下游的控制站。由于塔河干流气温、降雨等气象要素的变化对径流蒸散发的影响甚微，文中没有考虑气候变化所引起的径流蒸散发损耗，即以阿拉尔站与英巴扎站年径流量之差、英巴扎站与卡拉站年径流量之差、中游流入下游的径流量分别作为上、中、下游人类活动干扰下的径流损耗量。

8.4.2 研究方法

线性回归法通过建立时间序列 Y_t 与相应的时序 t 之间的线性回归方程来检验时间序列变化的趋势性，是目前趋势性分析中最简便、有效的方法。在求出线性回归方程后，利用时间序列与相应时序之间的相关系数对时间序列变化趋势进行显著性检验，判断变化趋势是否显著。在确定显著性水平 α 后，查线性相关系数 r 的临界值表，若 $|r| \geqslant r_\alpha$，则表明变化趋势显著；若 $|r| < r_\alpha$，则表明变化趋势不显著。

采用有序聚类分析法来研究人类活动对水文系列的干扰点。用这种方法来推求可能的干扰点 τ_0，实质是推求最优分割点，在单变点情况下，这一方法为最优二分割法。计算原理是利用离差平方和进行分割：同类之间的离差平方和较小，而类与类之间的离差平方和较大。满足条件的 τ 记为 τ_0，以此作为最可能的干扰点。找到可能干扰点后，还需对分割的两个新序列进行检验，这里采用游程检验法来检验分割后的两个新序列是否存在显著的差异。游程检验是根据游程数所作的两分变量的随机性检验，可用来判断两个样本的总体分布是否相同和一致，从而检验其位置中心(分割点)有无显著差异。

8.4.3 径流损耗变化

干流年径流损耗量在过去的 60 多年中表现出递减的变化趋势。而上、中、下游三区间中，上游呈递增的变化趋势，中、下游呈递减的变化趋势。塔河干流年径流损耗量多年变化趋势检验结果(见表 8-5)显示：上游年径流损耗量增加显著，增加速率约为 2.09 亿 m^3/10 年；干流及其中、下游三者中，干流递减趋势不显著，而中、下游的年径流量递减趋势显著，分别以 1.61 亿 m^3/10 年和 2.30 亿 m^3/10 年的速率递减。值得关注的是，在塔河干流径流损耗量处于递减的变化趋势下，干流上游径流损耗量却表现出显著的增加趋势。这主要是上游用水在地理上具有优势，而下游长期断流，中游近年来又出现间歇性断流，因此人类社会经济活动沿河上移。

表 8-5　　　　　　　　　　塔河干流年径流损耗量变化趋势检验结果

区间	多年径流损耗量（亿 m³）	趋势项	趋势	r 值	r_a值	显著性	H_0
上游	17.83	$0.2090t+12.287$	递增	0.541	0.273	显著	R
中游	21.99	$-0.1609t+26.257$	递减	-0.347	0.273	显著	R
下游	5.63	$-0.2299t+11.722$	递减	-0.844	0.273	显著	R
干流	45.45	$-0.1818t+40.266$	递减	-0.262	0.273	不显著	A

8.4.4　年代际径流损耗量分析

在 495km 干流上游河段上，多年平均区间径流损耗量 18.20 亿 m³，约占阿拉尔站多年平均径流量的 40.26%，径流损耗主要在沙雅二牧场至英巴扎区间 318km 长的河段如表 8-6 所示。

表 8-6　　　　　　　　　塔河干流上、中、下游五个时期径流损耗量变化

年代	径流损耗量（亿 m³）			每千米径流损耗量（万 m³）		
	上游	中游	下游	上游	中游	下游
	495km	398km	428km	495km	398km	428km
1960s	14.52	25.17	11.68	293.33	632.41	272.9
1970s	15.61	22.13	6.7	315.35	556.03	156.54
1980s	18.17	24.09	2.5	367.07	605.28	58.41
1990s	19.41	20.66	2.48	392.12	519.1	57.94
2000—2023 年	23.29	16.85	2.55	470.51	423.37	59.58

中游河段长 398km，多年平均区间径流损耗量 21.78 亿 m³，约占阿拉尔站多年平均径流量的 48.18%。由于输水堤和生态闸的修建，以及管理加强，从 20 世纪 90 年起，区间径流损耗量呈减少趋势。由于 20 世纪 70 年代初大西海子水库建成，下游来水量剧减，河道出现断流，致使下游自 20 世纪 80 年代起径流损耗量开始低于多年平均值。

8.5　不同量级下的生态供水方案

8.5.1　数据与方法

利用 ENVI 5.0 完成遥感影像的几何校正及配准，并借助 Arc Info 对各时期遥感影像进行目视判读和数字化工作。结合野外调查进行人工修正后，利用 Kappa 指数计算得到解

译结果的精度检验值为 90.8%，可以满足研究要求。结合塔里木河干流天然植被实际分布特点，将天然植被划分为疏林地(郁闭度在 10%~20%)、有林地(郁闭度>20%)、高覆盖度草地(覆盖度>20%)和低覆盖度草地(覆盖度在 5%~20%)，5%以下按裸地处理。

天然径流在河道运行过程中，河段区间耗水量主要包括国民经济用水、生态引水及河道自然损耗(即河损)，河道水量耗散过程包括蒸发、渗漏、回流和漫溢，其中漫溢水量与回流水量的差值即为净漫溢量，根据水量平衡原理，其计算公式如下：

$$W_{耗} = Q_{上} - Q_{下} = W_{经济} + W_{生态} + W_{河损} \tag{8.27}$$

$$W_{河损} = W_{蒸发} + W_{渗漏} + W_{漫溢} \tag{8.28}$$

式中，$W_{耗}$ 为区间耗水量(亿 m^3)；$Q_{上}$ 和 $Q_{下}$ 为上下断面径流量(亿 m^3)；$W_{生态}$ 为生态引水(亿 m^3)；$W_{经济}$ 为国民经济用水(亿 m^3)；$W_{河损}$ 为河损水量(亿 m^3)；$W_{蒸发}$ 为河道径流水面蒸发水量(亿 m^3)；$W_{渗漏}$ 为河道径流自然下渗水量(亿 m^3)；$W_{漫溢}$ 为河道径流净漫溢水量(亿 m^3)。

塔里木河干流各河段河道水面蒸发量计算公式如下：

$$W_{e1} = 0.018\,386 Q_{AL}^{0.4985} + 0.028\,88 Q_{XQ}^{0.3809} \tag{8.29}$$

$$W_{e2} = 0.087\,25 Q_{YB}^{0.1776} + 0.044\,578 Q_{XQ}^{0.3809} \tag{8.30}$$

$$W_{e3} = 0.114\,944 Q_{YB}^{0.1776} \tag{8.31}$$

$$W_{e4} = 0.107\,013 Q_{YB}^{0.1776} \tag{8.32}$$

式中，W_{e1}、W_{e2}、W_{e3} 及 W_{e4} 分别为段 1 至段 4 河道水面蒸发量(亿 m^3)，Q_{AL}、Q_{XQ}、Q_{YB} 分别为阿拉尔、新渠满及英巴扎断面径流量(亿 m^3)。

根据地下水动力学的基本定律——达西定律，河水下渗水量的计算公式为

$$Q_R = WLq_R = K_{等效} WL(HR - HG)/\Delta L \tag{8.33}$$

式中，Q_R 为河段渗漏量(m^3)；q_R 为河水下渗率(m/d)；$K_{等效}$ 为渗透系数(m/d)；W 为河宽(m)，L 为河长(m)；HR 为河道水位(m)；HG 为地下水位(m)；ΔL 为河道水量补给地下水路径长度(m)。

8.5.2 基于水量平衡的可调生态水量分析

基于塔里木河干流 1957—2023 年监测断面径流数据，借助 Person-Ⅲ型分布曲线，计算 10%、25%、50%、75% 和 90% 来水频率时对应的阿拉尔来水量。进而利用 2002—2023 年塔里木河干流实测的各耗水项数据，以不同来水频率下较为接近的年份作为参考依据，根据水量平衡原理及内插法，分析不同来水频率下的河水消耗特点(如图 8-5 所示)。在 10%、25%、50%、75% 及 90% 来水频率下，塔里木河干流上中游河损量分别为 38.89 亿 m^3、30.78 亿 m^3、23.04 亿 m^3、16.38 亿 m^3 和 12.37 亿 m^3，可调生态水量分别为 10.58 亿 m^3、8.23 亿 m^3、5.09 亿 m^3 和 1.88 亿 m^3，而在 90% 来水频率下无可调生态水量。塔里木河天然植被的生态水量主要依靠河损中的渗漏水量和生态闸引取的可调生态水量补给。因此，明确不同来水频率下的渗漏水量和可调生态水量是确立生态保护目标、

制定生态水调控方案的重要前提。

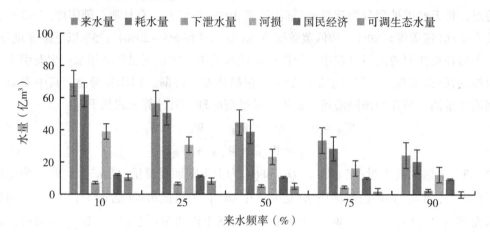

图 8-5　不同来水频率下塔里木河干流可调度生态水量

8.5.3　河道水量天然损耗量分析

在塔里木河干流，河损中的渗漏水量主要用于补给地下水；漫溢水量除下渗补给地下水外，还可以提高土壤含水量、促进浅根系植被的生长及土壤种子的萌发。因此，本章结合图 8-5，定量分离了不同来水频率下塔里木河干流各河段的河损量（如图 8-6 所示）。

根据图 8-6，在 10%、25%、50%、75%、90%来水频率下，塔里木河干流上中游段 1 至段 4 河损量分别占总水量的 17.02%～29.83%、23.95%～31.40%、21.94%～32.69% 及 17.41%～25.39%。随着来水量的减少，蒸发、渗漏及漫溢水量均出现减少，蒸发及渗漏占河损量的比例逐渐增加，分别由 2.77%、31.32%增加至 6.02%、75.56%；而漫溢水量逐渐减少，由 65.91%减少至 17.42%。将河损中的渗漏和漫溢水量与可调生态水量视为生态可供水量，通过计算可得在 10%、25%、50%、75%、90% 的来水频率下，其值分别为 48.39 亿 m^3、38.05 亿 m^3、27.20 亿 m^3、17.41 亿 m^3 和 11.93 亿 m^3。塔里木河干流上中游天然植被生态需水量为 22.31 亿 m^3，对比不同来水频率下的生态可供水量，在 10%、25%、50%、75%、90%的来水频率下，生态供水对天然植被生态需水的保障度分别为 217%、171%、122%、78%和 53%。因此，如何合理利用丰水年充沛的水量，以促进天然植被较大范围的保护及恢复，且在枯水年仍可维系天然植被的生态稳定，这就需要从天然植被生态用水的时空需求出发，制定合理的生态水调控方案。

8.5.4　制定生态水调控方案的依据

在塔里木河干流的上、中、下游，天然植被有着相似的群落结构。因此，基于荒漠河岸植被的分布特征和需水规律，借助下游的河水漫溢试验成果，本书从轮灌的周期、时段、频次、持续时间 4 个方面提出生态水调控方案的依据。根据以往研究成果及实地调查结果，7—9 月不仅是塔里木河干流乔木、灌木半灌木、多年及一年生草本集中的落种时间，同时也是来水最为集中的时段，因此，可视为最佳的年内轮灌时段。塔里木河干流在

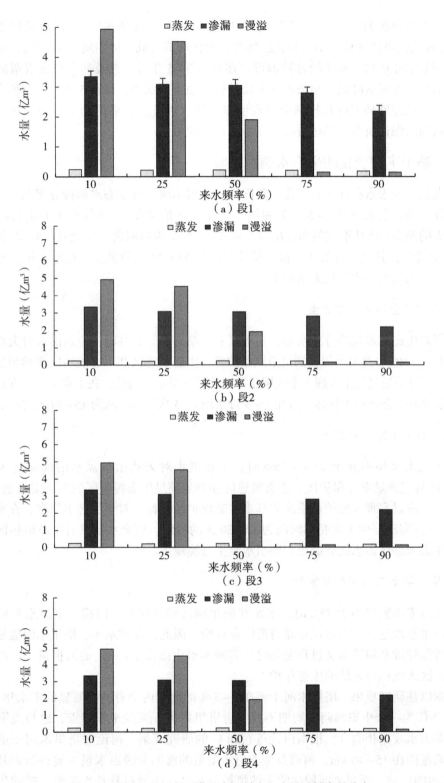

图 8-6 不同来水频率下塔里木河干流上中游河损定量分离

1~2 年内实现频次为"1 年 2~3 次"、持续时间为 15~20 天的漫溢（即漫溢后浸水 15~20 天），可有效促进胡杨种子萌发并长成幼苗；而在幼苗长成幼树期间（2~3 年），实现每年 1 次、持续时间为 15~20 天的漫溢即可。在漫溢 3~5 年后，荒漠河岸植被群落的物种多样性并不会出现显著降低，植被群落可维持较为稳定的状态，而在 5 年后，物种多样性会显著下降，且建群种胡杨及柽柳会出现明显退化，因此，轮灌的周期应设定为 3~5 年，即在该周期内保证所有天然植被实现至少 1 次的灌溉。

8.5.5　基于丰枯变化的生态水调控方案

考虑到干流来水存在丰枯变化，年际间的塔里木河干流生态水调控方案为：从保护的角度出发，生态供水应以 3~5 年为周期，确保天然植被在 7—9 月实现 1 次持续时间为 15~20 天的漫溢；而从恢复的角度出发，需在 3~5 年的周期内，实现其中特定的 1~2 年内 2~3 次漫溢，其他年份每年 1 次、持续时间为 15~20 天的漫溢。在丰水年、平水年和枯水年，年内的生态水调控方案如下：

1. 丰水年生态水调控方案

根据对生态供水量的分析结果，当干流来水频率大于 25% 时，生态供水对天然植被的保障度大于 171%，此时不仅要满足重点保护区、生态敏感区和生态脆弱区天然植被的生态需水量，而且要通过漫溢实现 3 个区域建群种的繁育更新。因此，在丰水年，以促进受损天然植被系统的生态恢复为目标，需在 7—9 月实现 2~3 次持续时间为 15~20 天的漫溢。

2. 平水年生态水调控方案

当干流来水频率介于 25%~75% 时，生态供水对天然植被需水的保证度为 78%~122%，此时应满足重点保护区、生态敏感区和部分满足生态脆弱区的生态需水量。因此，在平水年，应以实现天然植被系统的基本生态保护为目标。对于生态水调度，在重点保护区于 7—9 月实现至少 1 次持续时间为 15~20 天的漫溢，剩余水量可对生态敏感区进行轮灌，若生态敏感区需水能够满足，则引水至生态脆弱区。

3. 枯水年生态水调控方案

当干流来水频率小于 75% 时，来水在满足国民经济用水、河损及下泄水量后，基本无可调度生态水量，生态水仅依靠河道渗漏补给。因此，在枯水年，塔里木河流域水量调配应着重保障维系河道水文过程完整时所需的河道生态流量（一定的河损量），以实现对重点保护区天然植被系统的生态保护。

根据以往研究成果，塔里木河干流在 3~5 年的周期内会有一个明显的丰水年。因此，以 3~5 年作为一个生态水调控周期不仅符合塔里木河干流的来水特点，也与荒漠河岸植被的生态需水规律相吻合。根据白元等（2014）的研究成果，河流对塔里木河干流天然植被的影响范围在 15~40 km，河道及生态引水渠道的渗漏和漫溢水量主要补给距其较近的 20km 以内的区域，而对离河较远的天然植被分布区，应通过延长生态渠、扩建生态闸等工程技术手段，在生态水调控的 3~5 年周期的丰水年，进行 1~2 次的轮灌。同时，为尽快推进生态水调度方案的实施，还需对来水的丰枯年进行预判，这就要求在以后的工作中加强对水文水情的预报。

8.6 塔里木河下游人工输水优化方案

8.6.1 模型与方法

塔里木河下游植被的生长存在典型的年周期，而塔里木河来水也有典型的年周期，同时考虑到水资源管理的方便性，可以设计一种输水过程以 1 年为周期的输水模式，称为周期输水模式。1 个周期内输水的起始时间和持续时间可以分别设定，形成不同的输水方案。此外，在农业灌溉中自动控制的灌溉系统已经得到广泛的应用，而水利自动化管理也在迅速发展，因此，可以借鉴自动灌溉系统设计一种自动输水模式。在自动输水模式下，选择下游断面某个监测井的两个地下水位值作为输水起止的判断依据。由于河岸植被蒸腾等作用的影响，地下水位逐渐下降，当水位低于下临界水位时开始输水，河水补给地下水，地下水位逐渐升高，当水位高于上临界水位时暂停输水，在植被蒸腾等作用下地下水位又开始下降。可以设定不同的上下临界地下水位，作为不同的输水方案。塔里木河的水资源紧缺，利用下游断面的地下水位决定人工输水的起止，可以有效保证植被生长的关键生态用水，有利于生态恢复。因此，本节设定周期输水模式和自动输水模式这两种人工输水模式，分别制定输水方案分析输水效果，确定最优的输水方案。

采用干旱区河岸植被生态水文演化模型（ecohydrological evolution model on riparian vegetation in hyper-arid regions，ERV model）模拟地下水和植被的演化过程，从而分析输水的生态水文效果。该模型耦合了一维地下水模型和植被演化模型。一维地下水模型以描述地下水运动的 Boussinesq 方程为基础建立，植被演化模型以生态水文学中的物种演化动力学方程为基础建立。干旱区河岸植被生态水文演化模型将物种演化动力学方程中的植被生长率和植被死亡率与地下水埋深建立联系，实现了水文和生态的耦合模拟。在干旱区河岸带，地下水依靠河道渗漏补给。河岸植被生长所需要的水分来自地下水，植被蒸腾消耗地下水后地下水位下降。ERV 模型通过植被覆盖度和地下水埋深把生态过程与水文过程紧密耦合在一起，实现了水文过程与生态过程的耦合模拟。模型已经在塔里木河下游的英苏断面得到了应用，使用地下水位监测资料和遥感数据计算的植被覆盖度进行了验证，模拟中设定塔里木河英苏断面的输水期河道水位 Z_T 是 834.0m，2010—2049 年为模拟期。由于使用长期模拟后稳定期的状态值进行方案评价，模型状态初始值对结果没有影响，模型的初始值参照 2023 年末的状态设定。在设定的输水方案下，经过 30 年的模拟后，英苏断面的地下水和植被都基本达到稳定状态。先对 2040—2049 年的每日地下水位和植被覆盖度进行断面平均，然后计算 2040—2049 年的平均值，使用得到的平均地下水位和平均植被覆盖度进行输水效果评价。

8.6.2 周期输水模式的生态水文效果分析

在周期输水分析中，输水周期都设定为 1 年，输水持续时间分别为 30 天、60 天和 90

天，输水的开始日期分别为每月的 1 日，共设置 36 个方案情景。以方案长期实施后生态水文状态稳定期的地下水位最高和植被覆盖度最大为输水的优化目标，寻找最优输水方案。

根据模拟结果，前 20 年（2020—2040 年）生态水文系统尚未达到稳定状态，2040—2049 年英苏的地下水位和植被覆盖度基本达到了稳定状态，对这 10 年的地下水位和植被覆盖度进行平均得到稳定期地下水位和植被覆盖度，然后在空间上进行平均得到稳定期断面平均地下水位和植被覆盖度，进行情景模拟的对比。

结合输水实验可知，生态水文系统演化到新的动态平衡状态需要较长的时间，生态环境的保护和修复是一个长期任务。

稳定期英苏断面平均地下水位如图 8-7 所示。对于输水期为 30 天的情景，平均水位为 828.082~828.201m，平均埋深为 7.672~7.552m，对于输水期为 60 天的情景，平均水位为 828.321~828.506m，平均埋深为 7.248~7.433m，对于输水期为 90 天的情景，平均水位为 828.510~828.784m，平均埋深为 6.970~7.243m。对于相同的输水期，平均地下水位的差值在 0.3m 以内，输水开始时间引起的平均水位差异并不明显。而输水期从 30 天增加到 60 天，平均水位大约提高 0.27m，从 60 天增加到 90 天，平均水位大约提高 0.23m。随着输水期的延长，地下水位的提高也不明显。

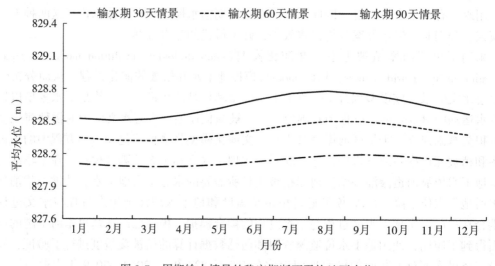

图 8-7　周期输水情景的稳定期断面平均地下水位

8.6.3　自动输水模式的生态水文效果分析

地下水埋深是影响塔里木河下游植被生长的决定性因素。为了维持和恢复塔里木河下游沿岸植被，可以根据水资源的丰枯和植被的需水，选择合适的临界地下埋深或水位作为自动输水模式中控制河道输水的依据。在实际管理中可以通过流域水量调度系统实现自动输水。

在英苏断面，以距离河岸 150m 的 C3 井（N40°25′52.3″，E87°56′27.4″）的地下水位作

为输水期起止的判断依据，当地下水位 Z_g 下降低于下临界水位 Z_1 时，开始输水，当地下水位 Z_g 上升高于上临界水位 Z_2 时，停止输水。使用状态变量 T 表示是否在输水，$T=1$ 表示在输水，$T=0$ 表示没有输水。则输水状态变量 T 判断准则的数学表述如下：

$$T(t+\Delta t) = \begin{cases} 1, & T(t)=0, \ Z_g \leqslant Z_1 \\ 0, & T(t)=1, \ Z_g \geqslant Z_2 \\ T(t), & \text{其他} \end{cases} \tag{8.34}$$

此输水模式假设开始输水后河道内的水流立即到达了英苏断面，忽略了大西海子水库开始放水至水头推进到英苏断面所需要的时间，这个时间滞后大约 3 天，而在实际控制中通过提高下临界水位 Z_1 可以弥补这个时间滞后，在模拟中对结果没有本质的影响。可以分别固定上临界水位和下临界水位，设置 2 类情景进行分析。

1. 固定上临界水位

第一类情景是固定上临界水位 $Z_2 = 832.0\text{m}$，设置 5 个方案进行情景分析，下临界水位 Z_1 分别为 828.0m、828.5m、829.0m、829.5m、830.0m。

对于上临界水位固定在 832.0m 的情景，下临界水位从 828.0m 提高到 830.0m，稳定期的地下水位从 828.047m 提高到 828.941m，地下水埋深从 7.706m 减小到 6.813m，植被覆盖度从 0.239 提高到 0.393。下临界水位越高，则稳定期的地下水位和植被覆盖度越高，但是输水频率增大，每次输水的持续时间缩短，总体上平均每年的输水天数增加，如表 8-7 所示。

表 8-7 固定上临界水位自动输水的输水持续时间和次数

下临界水位 Z_1/m	平均每次输水天数 （天/次）	40 年的输水 次数（次）	年均输水天数 （次/年）
828	91.7	15	34.4
828.5	78.4	27	52.9
829	68.5	41	70.2
829.5	56.1	59	82.7
830	41.6	89	84.2

2. 固定下临界水位

第二类情景是固定下临界水位 $Z_1 = 829.0\text{m}$，设置 5 个方案进行情景分析，上临界水位 Z_2 分别为 830.0m、830.5m、831.0m、831.5m、832.0m。

对于下临界水位固定在 829.0m 的情景，上临界水位从 830.0m 提高到 832.0m，稳定期的地下水位从 828.209m 提高到 828.631m，地下水埋深从 7.545m 减小到 7.122m，植被覆盖度从 0.283 提高到 0.348。上临界水位越高，则稳定期的地下水位和植被覆盖度越高，但是输水频率下降，每次输水的持续时间延长，总体上平均每年的输水天数增加，如表 8-8 所示。

表 8-8　　　　　　　　固定下临界水位自动输水的输水持续时间和次数

上临界水位 Z_1/m	平均每次输水 天数(天/次)	40 年的输水次数 （次）	平均每年的输水天数 （次/年）
830	8.7	96	21
830.5	13.1	81	26.6
831	20.3	68	34.5
831.5	34.4	54	46.5
832	68.5	41	32.1

自动输水情景的结果显示，稳定期的地下水位在远离河岸的方向上都是逐渐下降的，植被覆盖度在远离河岸的方向上存在明显的分段特征，离河岸 40～500m 的范围为高植被覆盖度的区域，500m～700m 的范围是植被覆盖度快速下降的区域，700～1100m 的范围是低植被覆盖度的区域。

对于自动输水的控制条件，临界水位应依据水资源状况确定，随着上下临界水位提高，平均地下水位和植被覆盖度也提高，同时，河道向地下水的总补给量增大。按照方案长期实施后生态水文状态稳定期的地下水位最高和植被覆盖度最大的优化目标，在自动输水模式的 10 个输水方案中，上下临界水位分别为 832.0m 和 830.0m 的方案为最优。对于固定上临界水位的情景，下临界水位从 828.0m 提高到 830.0m，地下水总补给量从226.1mm/年提高到 418.0mm/年。对于固定下临界水位的情景，上临界水位从 830.0m 提高到 832.0m，地下水总补给量从 279.0mm/年提高到 351.1mm/年。2000—2006 年的 8 次输水在大西海子至英苏河段累计的地下水补给量为 29238 万 m³，大西海子至英苏河段的长度为 61.4km，河岸两侧的影响宽度分别按照 1000m 计算，单位面积的年补给量为340.1mm/年。情景分析的地下水补给量与实际输水的补给量相比处于相近的水平，从水资源量的角度，生态输水是可行的。

根据周期输水的模拟结果，对于周期为 1 年的输水，每年输水效果最佳的时段是 8—10 月，对于输水期长短不同的方案，输水起始日期不同。英苏的多年平均 E601 蒸发皿的蒸发量为 1585.9mm，而 5 月、6 月和 7 月这 3 个月的潜在蒸发量占全年的 45.9%。在这 3个月保持较低的地下水位，可以使植被蒸腾在一定程度上受到地下水的抑制，从而降低蒸腾量，节约水资源，且植被受到的影响较小。如果在夏季这 3 个月输水就会有较多的水通过蒸腾消耗，降低了水的利用效率。这种人为设计的低地下水位可以认为是河岸林地区的一种非充分灌溉模式。经过夏季的大量蒸腾之后，地下水位下降，地下水与塔河的水位差增大，在 8—10 月这输水可以在相同的输水历时内获得较大的补给量，而且秋季输水可以使植被在下个夏季到来前的较长时间处于较高的地下水位，有利于植被生存。从塔里木河供水时间的可行性分析来看，每年最佳的供水时间是 8 月中旬到 9 月底。这与输水效果最佳的时段相一致，进一步验证了在 8—10 月最佳时段输水的可行性。

　　针对塔里木河英苏断面的 46 个情景，统计 2040—2049 年的平均年地下水补给量，并与年平均的植被覆盖度相联系，如图 8-8 所示。随着地下水补给量的增大，植被覆盖度也增大，但是由于输水方案的不同而存在差异，甚至相差较大。对于 340mm/年的地下水补给量，对应的植被覆盖度为 0.30~0.34。如果给定地下水年补给量为 340mm/年，那么通过优化输水方案，可以把植被覆盖度从 0.30 提高到 0.34，提高了生态效益。对于 0.34 的植被覆盖度，对应的地下水补给量为 340~390mm/年。如果给定生态恢复的目标是把植被覆盖度维持在 0.34，那么通过优化输水方案，可以把地下水补给量从 390mm/年降低到 340mm/年，从而降低了生态用水量。

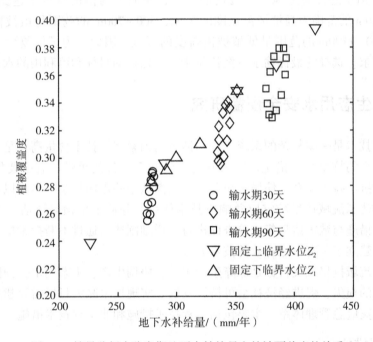

图 8-8　情景分析中稳定期地下水补给量和植被覆盖度的关系

　　为了分析人工输水的生态效益，把稳定期的断面平均植被覆盖度与年地下水补给量的比值定义为生态效率指数，表示在给定的输水方案下每一个单位量的年地下水补给量（例如 100mm/年）可以维持的植被覆盖度。生态效率指数越大，表示单位量的地下水补给量所能维持的植被覆盖度越高，这种输水方式生态效率越高。这 46 个方案的情景分析显示，其生态效率指数为 0.0864~0.1057/（100mm/年）。在周期输水模式下，对于输水历时相同的情景，最大的生态效率指数出现在 9—11 月。这与年内适宜的输水时段是在 8—10 月的结论基本吻合。

　　在自动输水模式下，生态效益指数的最大值和最小值分别是 0.1057/（100mm/年）（$Z_1 = 828.0$m 且 $Z_2 = 832.0$m 的情景）和 0.094/（100mm/年）（$Z_1 = 830.0$m 且 $Z_2 = 832.0$m 的情景），分别是稳定期植被覆盖度最小和最大的情景，即随着植被覆盖度的增大，生态效率指数减小,生态输水的边际效益下降。通过对自动输水的 10 个情景与周期输水的 36 个情景的比较发现,稳定期的断面平均地下水位和植被覆盖度的范围基本一致。总体而言,输水周期、开始时间和持续时间并不是决定性的因素,只要持续输水,即使在 $Z_1 = 828.0\text{m}$ 的情景中 40 年只输水 15 次,地下水和植被状况与 2000 年相比都得到了较大程度的恢复。如果把周期输水和自动输水相结合,根据上游来水情况和农业用水需求优化调控输水的时间,可以有效提高塔里木河的水资源配置能力,取得更好的社会经济效益和生态效益。

无论是周期输水还是自动输水,输水方案实施 30 年后塔里木河英苏断面地下水和植被都基本达到稳定状态,断面平均地下水位达到 828.0~829.0m,地下水埋深为 6.8~7.7m,在远离河岸的方向上地下水位逐渐下降,断面平均植被覆盖度达到 0.24~0.39,离河岸 40~500m 的范围为高植被覆盖度的区域,500~700m 的范围是植被覆盖度快速下降的区域,700~1100m 的范围是低植被覆盖度的区域。因此,为了恢复生态,长期实施输水是基本要求。选择的最优输水方案依赖于生态保护的目标和可利用的水资源量。

8.7 流域生态用水安全预警研究

抗旱减灾技术是一项复杂的系统工程,涉及的因素多、技术含量高,是一种工程与非工程措施相结合的抗旱减灾措施。因为其复杂性及多条件约束性,有必要探索一种大集成、大综合的抗旱减灾体系,使旱灾应急响应逐渐从经验走向科学。本书以新疆塔里木河流域为例,构建了流域抗旱减灾应急响应技术体系,并从干旱预警评估、水资源应急调配、制度保障措施与数字信息集成等方面进行了详细阐述,通过不断探索抗旱减灾应急响应体系,初步建立了一套行之有效的技术方法。

塔里木河流域抗旱减灾目标是保障生活用水,协调生产、生态用水,预防和减轻干旱灾害及其造成的损失,促进经济社会可持续发展。实现抗旱减灾目标需要建立可靠、有效的流域抗旱减灾应急管理体系,主要包括工程技术措施和非工程技术措施。

8.7.1 工程措施

1. 地下水开发利用工程

塔里木河流域生态环境脆弱,地下水是经济社会发展的重要水源,是干旱区天然植被的主要供水水源,也是维持绿洲生态稳定的重要因素。地下水的开发利用应该坚持统筹兼顾、总量控制、保护优先、合理开发的原则,与灌区盐碱地改良、农业节水建设有机地结合起来,充分发挥地下水开发利用的综合效益。在干旱年份,地下水可作为便捷、可靠的抗旱减灾应急稳定水源。即便在地下水超采区,也可发挥应有的抗旱减灾效益。同时,也应注意在非干旱年份对地下水资源进行合理回补,达到"以丰补歉"的效果。

2. 水库工程

(1)平原水库。目前流域已建水库大部分为平原水库,平原水库调蓄能力低,水深较浅，蒸发渗漏严重，水利用率仅有 40%~60%。平原水库蓄水受上一年度天然径流状况和农业灌溉用水量的影响较大，上一年度天然来水低于多年平均或农业灌溉用水量大将造成平原水库难以蓄足水量，不能保障当年抗旱需求。这种不确定性表明，平原水库并不能作为固定、可靠的抗旱减灾水源。着眼长远，应从全流域水量统一调配角度，科学合理地开展平原水库调度工作，在上一年度末蓄足水量，做好抗旱减灾准备。

（2）山区水库。塔里木河流域已建成的山区水库数量较少，仅有 8 座，且规模都不大。由于山区水库充分利用了高原山区的地形地貌条件，具有水面面积小、水深较深、蒸发渗漏损失小、库容蓄水量大、易于调控等特点，其预留库容（包括灌溉库容、防洪库容、发电库容、死库容）可作为重大干旱期的应急供水水源。因此，山区水库可作为干旱年份的可靠补水水源。结合塔里木河流域重点水利工程布局，从流域抗旱减灾的实际需求出发，在"十四五"和"十五五"期间，塔里木河流域需要加快建设一批山区水库，利用山区水库的预留库容，作为紧急情况下固定、可靠的抗旱减灾应急水源。

3. 农业高效节水工程

农业高效节水技术不但节水效率高，而且具有节能、节地、节肥、节劳等特点，对提高流域农业经济水平，促进农业增产、农民增收有很大的作用。目前，塔里木河流域已推广应用了滴灌、喷灌等高效节水技术，部分区域取得显著效果，从抗旱减灾的角度考虑，应大力发展农业高效节水技术，为抗旱减灾提供技术保障。

4. 水量统一调度

塔里木河流域水量统一调度遵循统一调度、分级负责、电力调度服从水量调度、总量控制与重要节点水量（流量）控制、随来水量变化丰增枯减相结合的原则。水量调度应首先满足城乡居民生活用水的需要，合理安排农业、工业用水，保障生态用水。当流域内出现重度及以上级别的干旱，塔里木河三源流的天然径流急剧减少，严重影响流域灌溉和生态用水，造成流域内水危机的状况时，需要实施流域水资源应急调度方案，以应对严重旱情。塔里木河流域应急抗旱水量调度方案，由塔里木河流域管理局会同流域各地（州）和新疆生产建设兵团 4 个师共同编制，并征求流域内重要水库、水电站等用水单位意见，经上级水行政主管部门审查，报新疆维吾尔自治区防汛抗旱总指挥部批准实施。

5. 空中云水资源有效利用

在塔里木河流域空中水资源开发利用上，要进一步完善科学化、规模化的人工增雨技术手段，抓住一切有利降水的天气过程，综合考虑空中水资源的开发与地表水资源的调配、利用，逐步形成空中水与地表水、地下水相结合的水安全体系。

6. 跨流域调水工程

塔里木河流域各大、中河流的产流区主要分布在天山山脉、喀喇昆仑山脉、昆仑山脉，水汽来源不尽相同，丰枯年并不完全同步。各河流丰枯的不同步性，为抗旱减灾提供了水源条件，即实施跨河流调水，将丰水年的河流水量利用工程手段调到处于枯水年的河流，或将河流上游的水量调到下游缺水地区，以缓解旱情，最大限度地减少灾害损失。

8.7.2　非工程措施

为统筹协调塔里木河流域抗旱减灾各项工作，新疆维吾尔自治区成立防汛抗旱总指挥部，由自治区人民政府副主席担任总指挥，负责领导、组织、指挥塔里木河流域抗旱减灾工作。塔里木河流域抗旱减灾工作实行各级人民政府行政首长负责制，统一指挥、部门协调、分级负责。自治区发展改革委、财政、公安、水利及新疆生产建设兵团等部门和塔里木河流域五州(地)、兵团 4 个师作为总指挥部成员单位。

《中华人民共和国抗旱条例》明确规定：县级以上地方人民政府防汛抗旱指挥机构，在上级防汛抗旱指挥机构和本级人民政府的领导下，负责组织、指挥本行政区域内的抗旱工作。因此，塔里木河流域五州(地)人民政府和新疆生产建设兵团 4 个师要成立防汛抗旱指挥部，领导、组织、指挥辖区内的抗旱减灾工作。结合流域内旱情等级情况，综合考虑流域干旱缺水状况，预警等级分为四级。应急响应等级与预警等级相对应，也分为四级。为统筹协调塔里木河流域抗旱减灾工作，应建立塔里木河流域抗旱减灾协调联动机制，由指挥、指导协调、服务保障、应急响应、信息服务五大部分组成。

依据《中华人民共和国抗旱条例》等法规，制定《塔里木河流域抗旱减灾条例》《塔里木河流域抗旱减灾考核与问责办法》《塔里木河流域应对干旱事件水量调度管理办法》，编制《塔里木河流域抗旱减灾规划》，为抗旱减灾提供政策保障和技术支持。

8.7.3　水资源生态应急调配原则

轻度干旱水资源应急调配原则为：①以内涵挖潜为主，包括实施高效节水、充分利用现有水库蓄水、合理开采利用地下水等；②采取必要的水量调度措施和水资源行政协调措施。

中度干旱水资源应急调配原则为：①加强水量统一调度；②在挖掘现有水资源潜力的情况下加强节约用水，包括实施高效节水、充分利用现有水库蓄水、合理开采利用地下水等；③采取水资源行政协调措施。

重度干旱水资源应急调配原则为：①协调配置生活、生产、生态用水，加强水量统一调度；②在挖掘现有水资源潜力的情况下加强节约用水，包括实施高效节水、充分利用现有水库蓄水、合理开采利用地下水等；③增强非工程措施，采取水资源行政协调措施。

极端干旱水资源应急调配原则为：①按轻重缓急确定供水优先次序，首先保证生活用水，其次是生产用水，最后是生态用水；②有条件地挤占部分生态环境用水需求，挤占部分生态环境用水是在极端干旱年或连续干旱年的一项胁迫行为，如降低河道外生态环境用水标准、减少河道生态基流等，但采取这种行为的前提是不对生态环境系统造成不可逆转的影响或是受损生态系统在预期时期内能够恢复或重建；③加大非工程措施力度，要求应急抗旱统一指挥、协调联动；④加大地下水开采力度，但必须建立在地下水没有严重超采的基础上，并且在其后的丰水年或平水年能够补给；⑤调整用水结构，对于距离水源较远、效益较差的农作物采取轮耕休耕方式，最大限度减轻灾害损失。

8.8 本章小结

本章介绍了 MIKE SHE 模型的基本原理和分布式架构，对各模块下的蒸散发(ET)、地表径流(包括坡面漫流 OL 和河道流 OC)、非饱和带(UZ)、饱和带(SZ)、融雪(SM)以及地下水与地表水的交换作用(EX)等水文过程描述进行简要概括，采用基于 Richrads 法、重力流方法和双层水量平衡法的一维非饱和带模拟，耦合 MIKE 11，基于干流生态闸、水库等引水设施数据，对塔河干流河道人工引水进行概化，概化干流上游和中游 56 处引水闸，建立塔里木河干流生态调水模型，经过模型校核验证，分析结果为蒸发主要发生在 6—9 月，而深层渗漏发生时间相对较短，为 6—8 月，2023 年四个子流域的实际蒸散发分别为 666mm、709mm、864mm 和 190mm。

在 10%、25%、50%、75% 和 90% 的来水频率下，塔里木河干流上中游河损量分别为 38.89 亿 m^3、30.78 亿 m^3、23.04 亿 m^3、16.38 亿 m^3 和 12.37 亿 m^3，生态供水量分别为 48.39 亿 m^3、38.05 亿 m^3、27.20 亿 m^3、17.41 亿 m^3 和 11.93 亿 m^3，生态供水对天然植被生态需水的保障度分别为 217%、171%、122%、78% 和 53%。

从生态保护的角度，确保天然植被在 3~5 年内实现轮灌 1 次；从生态恢复的角度，需在 3~5 年的周期内，保障其中 1~2 年内实现 2~3 次的轮灌，其余年份实现 1 次轮灌。在丰水年，从天然植被恢复的角度，7—9 月实现 2~3 次持续时间为 15~20 天的漫溢；在平水年，以重点保护区为主体并在生态敏感区与生态脆弱区于 7—9 月保证至少 1 次持续时间为 15~20 天的漫溢；在枯水年，主要依靠河道渗漏补给重点保护区的生态用水。

对于每年 1 次输水的周期输水，随着输水期的延长，稳定期的平均地下水位和植被覆盖度会有所提高。以地下水位最高和植被覆盖度最大为目标，最优方案是在适宜输水的 8—10 月进行输水。但是对于输水期长短不同的方案，起始日期不同。自动输水模式中，稳定期的地下水位和植被覆盖度随着控制输水起止的上下临界水位的提高而提高，同时平均每年的输水天数和所需要的地下水补给量增大。提高下临界水位引起输水频率增大，提高上临界水位引起输水频率减小，但是输水频率增大会增加输水结束后滞留在表层土壤的水分，表层土壤水将以裸土蒸发的形式消耗。在自动输水模式的 10 个输水方案中，最优方案是上下临界水位分别为 832.0m 和 830.0m。

近期，在考虑上游来水和灌溉用水需求的情况下，适宜采用周期输水的模式向下游河道补水，维持下游河道的河岸林植被系统。远期，以大西海子水库泄水的自动控制系统和下游地下水位自动监测系统为基础，建立塔里木河水资源综合管理系统，发展节水高效农业减少灌溉用水，可以采用自动输水的模式向下游河道补水，维持下游的绿色走廊。塔里木河下游生态退化的根本原因在于有限的水资源不能同时维持自然生态和粗放型高耗水的灌溉农业的用水需求。不断扩张的高耗水灌溉农业挤占了维持天然河岸林生长的水量，导致河岸林带生态逐步衰退。根本的解决方法是改进农业耕作方式、优化灌溉制度，采用滴灌、覆膜等高效节水措施，提高农业用水的效率，减少农业用水，保证必要的生态用水，维持下游河道的绿色走廊。此外，应逐步转变经济增长方式，发展旅游业，控制高耗水的农业生产，这将有助于构建可持续的水资源综合利用模式。

第9章 主要结论

本书研究了塔里木河流域生态格局演变规律及驱动力，分析了流域绿洲演变规律与用水量，构建了塔里木河流域水资源管理量化评价方法和指标体系，厘清了塔里木河下游生态输水累积时空响应机理，建立了多目标参数的生态需水体系，并开展了塔里木河下游生态调度模拟，主要研究结论如下：

（1）塔里木河干流两大优势景观类型是未利用土地和低覆盖度草地，达到干流总面积的55%以上。一方面，除居民用地斑块数量略微减少外，干流其他八类景观的斑块数量都是增加的；其中，耕地的斑块数量在1990—2023年由68个增至287个，增幅显著。另一方面，在1990—2023年，受到当地居民活动的干扰，耕地、有林地和居民地的分离度指数值逐渐减小，其相对应的景观类型分布呈现集聚化。2000年以后，塔河干流上游居民区人口密集且经济活动频繁，致使各种景观类型间的转化速率趋于复杂化。塔里木河干流景观生态风险指数评价结果显示，低生态风险区所占比例由1990年的25.63%下降到2023年的24.81%，高生态风险区所占比例由9.92%增加到12.44%。塔里木河干流景观生态风险分布的集聚现象显著，全局Moran's I值呈上升趋势，集聚程度逐步提高。"高-高"值集聚区多分布在上游右岸，"低-低"值集聚区多分布在景观类型单一的下游右岸，大都是未利用土地。

（2）基于压力-状态-响应（PSR）模型，构建塔里木河流域生态脆弱性的时空分布格局，评估塔里木河流域生态脆弱性的动态变化，并分析了生态脆弱性时空分布的成因，为塔河流域生态分区的恢复与建设提供了重要指导依据。塔里木河流域2000—2023年生态脆弱性指数EVI标准化平均值为0.538，总体处于重度脆弱区阶段。不同年份流域生态脆弱性情况不同，近10年生态脆弱性增加显著；但其空间分布特征较为明显，大体呈现源流区低干流区高的格局。2000年流域生态情况整体较好，处于轻度脆弱段，中度脆弱段集中在重农抑生态的阿克苏地区；2010年生态破坏加重，处于中度脆弱段，干流区下游巴州地区生态已呈现重度脆弱；2023年整个塔河流域生态已遭严重破坏，生态极度脆弱地区占总面积的68.92%，主要集中在高度开发的叶尔羌河流域的喀什地区和干流区。

（3）在10%、25%、50%、75%和90%的来水频率下，塔里木河干流上中游河损量分别为38.89亿m³、30.78亿m³、23.04亿m³、16.38亿m³和12.37亿m³，生态供水量分别为48.39亿m³、38.05亿m³、27.20亿m³、17.41亿m³和11.93亿m³，生态供水对天然植被生态需水的保障度分别为217%、171%、122%、78%和53%。

（4）从生态保护的角度，需确保天然植被在 3~5 年内实现轮灌 1 次；从生态恢复的角度，需在 3~5 年的周期内，保障其中 1~2 年内实现 2~3 次的轮灌，其余年份实现 1 次轮灌。在丰水年，从天然植被恢复的角度，需在 7—9 月实现 2~3 次持续时间为 15~20 天的漫溢；在平水年，以重点保护区为主体并在生态敏感区与生态脆弱区于 7—9 月保证至少 1 次持续时间为 15~20 天的漫溢；在枯水年，主要依靠河道渗漏补给重点保护区的生态用水。

参 考 文 献

[1] Hans J. Hansen. High-resolution Induan-Olenekian boundary sequence in Chaohu, Anhui Province[J]. Science in China, 2005(3): 291-297.

[2] Juliette Louis, Abderrahmane Ounis, Jean-Marc Ducruet. Remote sensing of sunlight-induced chlorophyll fluorescence and reflectance of Scots pine in the boreal forest during spring recovery[J]. Remote Sensing of Environment, 2005(1): 37-48.

[3] 贾坤, 姚云军, 魏香琴, 等. 植被覆盖度遥感估算研究进展[J]. 地球科学进展, 2013, 28(7): 774-782.

[4] 张灿, 徐涵秋, 张好, 等. 南方红壤典型水土流失区植被覆盖度变化及其生态效应评估[J]. 自然资源学报, 2015, 30(6): 917-928.

[5] 崔天翔, 宫兆宁, 赵文吉, 等. 不同端元模型下湿地植被覆盖度的提取方法[J]. 生态学报, 2013, 33(4): 1160-1171.

[6] 肖琳, 田光进. 天津城市扩展空间模式与驱动机制研究[J]. 资源科学, 2014, 36(7): 1327-1335.

[7] 刘晓. 基于土地利用景观格局的疏勒河流域生态安全研究[D]. 西北师范大学, 2015.

[8] 张月, 张飞, 周梅, 等. 干旱区内陆艾比湖区域景观生态风险评价及时空分异[J]. 应用生态学报, 2016, 27(1): 233-242.

[9] 高前兆, 仵彦卿, 俎瑞平. 河西内陆区水循环的水资源评价[J]. 干旱区资源与环境, 2003(6): 1-7.

[10] 雷志栋, 黄聿刚, 杨诗秀. 渭干河平原绿洲耗水过程及特点[J]. 清华大学学报(自然科学版), 2004(12): 1664-1667.

[11] 王建勋, 庞新安, 郑德明, 等. 塔里木河流域生态环境现状、存在问题及治理对策[J]. 农业系统科学与综合研究, 2006(3): 193-196.

[12] 杜丽娟, 刘钰, 雷波. 内蒙古河套灌区解放闸灌域水循环要素特征分析——基于干旱区平原绿洲耗散型水文模型[J]. 中国水利水电科学研究院学报, 2011, 9(3): 168-175.

[13] 李卫红, 黎枫, 陈忠升. 和田河流域平原耗水驱动力与适宜绿洲规模分析[J]. 冰川冻土, 2011, 33(5): 1161-1168.

[14] 李道峰, 田英, 刘昌明. 黄河河源区变化环境下分布式水文模拟[J]. 地理学报, 2004(4): 565-573.

[15] 刘卉芳, 曹文洪, 张晓明, 等. 黄土区小流域水沙对降雨及土地利用变化响应研究[J]. 干旱地区农业研究, 2010, 28(2): 237-242.

［16］邱国玉，尹婧，熊育久. 北方干旱化和土地利用变化对泾河流域径流的影响［J］. 自然资源学报，2008（2）：211-218.

［17］唐丽霞，张志强，王新杰. 晋西黄土高原丘陵沟壑区清水河流域径流对土地利用与气候变化的响应［J］. 植物生态学报，2010，34（7）：800-810.

［18］王雅，蒙吉军. 基于InVEST模型的黑河中游土地利用变化水文效应时空分析［J］. 北京大学学报（自然科学版），2015，51（6）：1157-1165.

［19］胡顺军，宋郁东，田长彦，等. 渭干河平原绿洲适宜规模［J］. 中国科学，2006（S2）：51-57.

［20］郑淑丹，阿布都热合曼·哈力克. 且末绿洲适宜规模研究［J］. 水土保持研究，2011，18（6）：240-244.

［21］凌红波，徐海量，刘新华. 新疆克里雅河流域绿洲适宜规模［J］. 水科学进展，2012，23（4）：563-568.

［22］邓宝山，瓦哈甫·哈力克，张玉萍，等. 吐鲁番绿洲适宜规模及其稳定性分析［J］. 干旱区研究，2015，32（4）：797-803.

［23］郝丽娜，粟晓玲. 黑河干流中游地区适宜绿洲及耕地规模确定［J］. 农业工程学报，2015，31（10）：262-268.

［24］周华荣. 新疆生态环境质量评价指标体系研究［J］. 中国环境科学，2000（2）：4-8.

［25］吴贻名，李元红，朱强，等. 干旱区流域生态环境质量现状评价研究［J］. 中国农村水利水电，2001（1）：25-30.

［26］龙笛；张思聪. 滦河流域生态系统健康评价研究［J］. 中国水土保持，2006（3）：14-16.

［27］王让会，刘培君. 绿洲生态环境研究的支持系统——以新疆塔里木盆地周围绿洲为例［J］. 干旱区研究，1998（3）：52-55.

［28］王建勋，庞新安，郑德明. 塔里木河流域生态环境现状、存在问题及治理对策［J］. 农业系统科学与综合研究，2006（3）：193-196.

［29］付爱红，陈亚宁，李卫红. 基于层次分析法的塔里木河流域生态系统健康评价［J］. 资源科学，2009，31（9）：1535-1544.

［30］李燕，马晓婷，胡潇涵，等. 基于熵权的新疆典型流域生态健康评价［J］. 新疆环境保护，2015，37（4）：39-43.

［31］张沛，徐海量，杜清，等. 基于RS和GIS的塔里木河干流生态环境状况评价［J］. 干旱区研究，2017，34（2）：416-422.

［32］汤奇成. 绿洲的发展与水资源的合理利用［J］. 干旱区资源与环境，1995（3）：1-6.

［33］刘昌明. 我国水资源合理开发利用的思考［J］. 中国科学院院刊，1996（4）：286-288.

［34］Malin Falkenmark，郭乔羽. 新千年目标驱动下的流域安全［J］. 南水北调与水利科技，2004（1）：48-49.

［35］陈敏建，丰华丽，王立群，等. 生态标准河流和调度管理研究［J］. 水科学进展，2006（5）：631-636.

［36］王西琴，刘昌明，杨志峰. 河道最小环境需水量确定方法及其应用研究［J］. 环境科

学学报，2001（5）：544-547.

[37] 李丽娟，郑红星.海滦河流域河流系统生态环境需水量计算[J].海河水利，2003（1）：6-8.

[38] 赵琪，刘建江，王均，等.玛纳斯河最小生态径流计算[J].干旱区地理，2005（3）：292-294.

[39] 贾宝全，慈龙骏.新疆生态用水量的初步估算[J].生态学报，2000（2）：243-250.

[40] 闫正龙.基于 RS 和 GIS 的塔里木河流域生态环境动态变化与生态需水研究[D].西安理工大学，2008.

[41] 郝博，粟晓玲，马孝义.甘肃省民勤县天然植被生态需水研究[J].西北农林科技大学学报（自然科学版），2010，38（2）：158-164.

[42] 周丹，沈彦俊，陈亚宁.西北干旱区荒漠植被生态需水量估算[J].生态学杂志，2015，34（3）：670-680.

[43] 马晓超，粟晓玲.基于 RVA 的渭河中下游生态环境需水及其满足度研究[J].干旱地区农业研究，2013，31（6）：220-224.

[44] 王学雷，姜刘志.三峡工程蓄水前后长江中下游环境流特征变化研究[J].华中师范大学学报（自然科学版），2015，49（5）：797-804.

[45] 薛联青，杨明杰，廖淑敏.间歇性输水条件下塔里木河下游地下水时空变化模拟[J].水资源保护，2023，39（2）：25-30，77.

[46] 胡顺军.塔里木河干流流域生态——环境需水研究[D].西北农林科技大学，2007.

[47] 樊自立，马英杰，张宏.塔里木河流域生态地下水位及其合理深度确定[J].干旱区地理，2004（1）：8-13.

[48] 徐海量，樊自立，杨鹏年，等.塔里木河近期治理评估及对编制流域综合规划建议[J].干旱区地理，2015，38（4）：645-651.

[49] 叶朝霞，陈亚宁，李卫红.基于生态水文过程的塔里木河下游植被生态需水量研究[J].地理学报，2007（5）：451-461.

[50] 杨昌友.新疆树木志[M].北京：中国林业出版社，2012.

[51] 新疆维吾尔自治区统计局.新疆统计年鉴（2023）[M].北京：中国统计出版社，2023.

[52] 白元，徐海量，凌红波.塔里木河干流区天然植被的空间分布及生态需水[J].中国沙漠，2014，34（5）：1410-1416.

[53] 薛联青，白青月，刘远洪.人类活动影响下塔里木河流域气象干旱向水文干旱传播的规律[J].水资源保护，2023，39（1）：57-62，72.

[54] 薛联青，杨明杰，廖淑敏.基于间歇性输水的地下水时空变化模拟研究[J].水资源保护，2024，40（1）：1-12.

[55] 新疆维吾尔自治区塔里木河流域管理局.新疆塔里木河流域综合规划，2024.

[56] 新疆维吾尔自治区水利厅.新疆维吾尔自治区水资源公报（2000—2020 年），2021.